Hans Vialon und Göran Hajek

Authentisch verkaufen

Hans Vialon und Göran Hajek

Authentisch verkaufen

*Von der schlichten Kopie
zum brillanten Original*

WILEY-VCH Verlag GmbH & Co. KGaA

1. Auflage 2008

Alle Bücher von Wiley-VCH werden sorgfältig erarbeitet. Dennoch übernehmen
Autoren, Herausgeber und Verlag in keinem Fall, einschließlich des vorliegenden
Werkes, für die Richtigkeit von Angaben,
Hinweisen und Ratschlägen sowie für
eventuelle Druckfehler irgendeine Haftung.

**Bibliografische Information
der Deutschen Nationalbibliothek**
Die Deutsche Nationalbibliothek verzeich-
net diese Publikation in der Deutschen
Nationalbibliografie; detaillierte bibliografische Daten sind im Internet über http://
dnb.d-nb.de abrufbar.

Printed in the Federal Republic of Ger-
many

Gedruckt auf säurefreiem Papier.

Satz Kühn & Weyh GmbH, Freiburg
Druck und Bindung AALEXX Druck
GmbH, Großburgwedel
Umschlaggestaltung init GmbH,
Bielefeld
ISBN: 978-3-527-50355-1

Inhalt

Authentisch verkaufen. Hans Vialon und Göran Hajek
Copyright © 2008 WILEY-VCH Verlag GmbH & Co. KGaA, Weinheim
ISBN: 978-3-527-50355-1

1
Worum geht es?

Das Thema Glaubwürdigkeit ist derzeit in aller Munde. Wir befinden uns mitten in einer Vertrauenskrise. Das betrifft nicht nur Politiker, Manager oder Medien, es betrifft auch Verkäufer und ihre Produkte. Banken und Versicherungen sind davon genauso betroffen
wie Telekommunikationsanbieter, die Bahn, Elektronikmärkte, Handwerker oder Ärzte. Bestechungsskandale, Schwarzgeldkonten, Steu-
erhinterziehungen oder Sexskandale bekannter Firmen und Personen zeugen davon. Wem können wir noch vertrauen und glauben?
Wir befinden uns in einem Umbruch, in dem die Spielregeln
unseres Zusammenlebens neu bewertet werden. In einer Zeit stürmischer Veränderungen, zunehmender Komplexität und Auflösung
altbekannter Strukturen (Stichwort Globalisierung) sind die Menschen verunsichert und schauen kritischer auf das, was ihnen die
Akteure in ihrem Alltag »verkaufen« wollen. Sie schauen vor allem
auch kritischer darauf, *wie* sie es verkaufen wollen. Vertrauen wird
ihnen nicht mehr selbstverständlich entgegengebracht, sondern will
erarbeitet werden.

Die Kehrseite der Medaille ist aber, dass innerhalb dieser Vertrauenskrise auch eine gewaltige Sehnsucht der Kunden nach Glaubwürdigkeit und Echtheit existiert. Die Menschen dürsten nach glaubwürdigen Verkäufern – ein Potenzial, das Sie nutzen können!

Aber wie erlangt man Vertrauen? Was macht Glaubwürdigkeit
aus? Den Kern von Glaubwürdigkeit bildet Authentizität – Echtheit.
Wenn wir das Gefühl haben, dass jemand echt ist und uns nicht
irgendetwas vorspielt, dann glauben wir ihm.

Aber was macht Authentizität aus, wie wird man authentisch?
Wie können Sie als Verkäufer authentischer werden und dadurch
erfolgreicher sein als Ihre Konkurrenz? Wie können Sie ein authentischer Spitzenverkäufer werden? Darum geht es in diesem Buch.

Authentisch verkaufen. Hans Vialon und Göran Hajek
Copyright © 2008 WILEY-VCH Verlag GmbH & Co. KGaA, Weinheim
ISBN: 978-3-527-50355-1

Es gibt erfolgreiche »Verkäufer-Originale«, die noch nie ein Verkaufsseminar besucht haben. Sie sind äußerst erfolgreich, obwohl sie die Regeln der Verkaufsrhetorik außer Acht lassen. Wie kommt das? Sie überzeugen durch Originalität und ihre authentische Ausstrahlung. Sie sind einfach sie selbst und wirken echt. Verkaufsrhetorik kann zwar nützlich sein, aber nur wenn sie von einer authentischen Persönlichkeit kommt.

In diesem Buch erfahren Sie, was eine authentische Verkäuferpersönlichkeit auszeichnet und wie der Prozess aussieht, sich zu einem authentischen Verkäufer zu entwickeln. Authentizität bedeutet Echtheit. Sie lernen, wie Sie wieder zu Ihrem eigenen Original werden. Denn jeder wird schon als Original geboren und strahlt das anfangs auch aus. Kinderfotos zeugen davon. Im Laufe unserer Entwicklung geht vielen von uns leider ein Großteil dieser Originalität (im Wortsinne »Ursprünglichkeit«) verloren. Wenn Sie es schaffen, Ihre Originalität zurückzugewinnen, dann steigern Sie Ihren Verkaufserfolg nachhaltig und haben das Gefühl, endlich der Verkäufer zu sein, der Sie immer sein wollten. Der Kern Ihrer Persönlichkeit kommt dann voll zur Geltung. Sie brauchen sich nicht mehr nach vorgegebenen Verhaltensregeln zu verbiegen. Wir vermitteln Ihnen erstmals in der Verkaufsliteratur auch tiefenpsychologische Erkenntnisse, die Ihnen helfen, Ihre inneren Engpässe für Ihren Verkaufserfolg zu finden und schrittweise aufzulösen.

Was erfreut an Verkäufern?

Versuchen Sie einmal kurz, sich an Ihre letzte erfreuliche Erfahrung als Kunde zu erinnern, die Sie mit einem Verkäufer gemacht haben. Was war das Besondere daran? Was führte dazu, dass Sie sich jetzt daran erinnern können? Fühlten Sie sich gut beraten? Hat der Verkäufer Ihre Situation gut erfasst? Oder war er einfach eine markante Persönlichkeit mit einer freundlichen und glaubwürdigen Ausstrahlung? Hat er Sie vielleicht zum Lachen gebracht, ohne dabei gleich distanzlos zu wirken? Was war es, was Sie ihm »abgekauft« haben – im übertragenen wie im wörtlichen Sinne? Wie hat er das erreicht? Würden Sie zu diesem Verkäufer wieder gehen und erneut etwas kaufen?

Diese wenigen Fragen reichen sicherlich schon aus, um etwas ganz Entscheidendes deutlich zu machen: Die persönliche Ausstrahlung des Verkäufers ist von ausschlaggebender Bedeutung im Verkauf. Dabei kommt es weniger darauf an, ob sein Hemd perfekt gebügelt ist, als vielmehr auf Faktoren wie Echtheit, Glaubwürdigkeit und Freundlichkeit. Er muss menschlich wirken. Ein Verkäufer kann rhetorisch noch so brillant sein, aber wenn er damit bei Ihnen den Eindruck erzeugt, dass er notfalls auch seine Großmutter verkaufen würde, dann kaufen Sie nichts.

Wir beobachteten einmal bei IKEA, wie eine Mitarbeiterin erfolgreich einem Kunden die IKEA-Kundenkarte »verkaufte«. Es war eine resolute und mütterlich wirkende Dame in mittleren Jahren, die man sich gut als alleinstehende, verantwortungsvolle Mutter mehrerer Kinder vorstellen konnte, die ihr Leben im Griff hat und um die lauernden Abgründe weiß. »Haben Sie Interesse an der Family-Card?«, sprach sie den Kunden freundlich und unaufdringlich an. Der Kunde hatte kein Interesse und brachte das auch deutlich zum Ausdruck. Sie vermittelte ihm nonverbal mit einem kurzen Nicken, dass sie das verstand und akzeptierte, klärte ihn aber noch kurz über die Vorteile der Kundenkarte auf. – Never take a no for a no. – Das tat sie in der Art und Weise einer Mutter, die für ihre Kinder nur das Beste will, also den Vorteil des Kunden im Blick hat.

Damit weckte sie sein Interesse. Er offenbarte sich nun ihr gegenüber, dass er eigentlich die Karte gerne nehmen würde, aber befürchte, mit einer Flut von Werbemails überschüttet zu werden. Sie antwortete ihm klipp und klar und äußerst glaubwürdig: »Das machen wir nicht. Sie bekommen höchstens einmal im Monat eine Mail und weitergeben tun wir die Adresse sowieso nicht. Dafür leg ich meine Hand ins Feuer!« Donnerwetter, das zeigte Wirkung. Der Kunde unterschrieb. Sie hatte ihn mit ihrer persönlichen Ausstrahlung überzeugt.

›Der Kunde ist für mich nicht König, sondern Partner‹

Was unterscheidet erfolgreiche Verkäufer von weniger erfolgreichen? Alois (44 Jahre alt) ist Mitinhaber und Geschäftsführer einer österreichischen Firma, die Wintergärten im oberen Preissegment anbietet. Er ist ein sehr erfolgreicher Verkäufer in diesem hart umkämpften Markt. Jetzt. Als wir ihn kennenlernten, kam er zu uns, weil es in seinem Verkaufserfolg unerklärliche Schwankungen gab. Mehrfach hatte er an Verkaufstrainings herkömmlicher Art teilgenommen und feststellen müssen, dass danach sein Umsatz sogar einbrach, anstatt besser zu werden. Hinterher schwirrten ihm diese ganzen Regeln im Kopf herum, und er war im Verkaufsgespräch irgendwie nicht mehr der entspannte und natürliche Typ wie sonst.

Sympathisch rüberkommen

Wir fragten Alois, wie er jetzt, als erfolgreicher Verkäufer, an seine Kunden herantritt. Dabei nannte er einige Punkte, die die wichtigsten Aussagen unseres Buches untermauern: gutes Gesprächsklima, Ehrlichkeit, partnerschaftliches Verhältnis zum Kunden, Grenzen setzen, Spontanität und Echtheit, Fokussieren, die eigenen Bedürfnisse befriedigen. Er sagte uns, das Wichtigste sei ein gutes Gesprächsklima. Er muss sympathisch rüberkommen. Wie er das macht? Da muss er erstmal nachdenken. »Das ist, wie wenn du mit jemandem anbandeln willst. Als Verkäufer musst du dich selber verkaufen. Das Produkt muss natürlich gut sein, du musst davon überzeugt sein. Die Optik ist völlig egal. Na ja, gepflegt musst du schon sein.«

Ehrlichkeit und Grenzen setzen

Dennoch wollten wir es ein bisschen genauer wissen, wie er das macht. Er verstellt sich nicht, sondern gibt sich so, wie er ist, aber er versetzt sich auch in die Lage des Kunden. »I red in dor Mundart.« Alois ist Oberösterreicher. »Ich will die Kunden glücklich machen. Ich versuch, mich in die Rolle des Kunden zu versetzen, wie wenn das mein Haus wäre. Dadurch bin ich allerdings teurer als die Mitbewerber, weil ich ehrlicher bin. Zum Beispiel empfehle ich ihnen gleich einen Sonnenschutz und warte nicht darauf, dass sie irgendwann selber merken, dass sie einen brauchen und dann sauer sind über die zusätzlichen Kosten. Die Kunden schätzen das. Es ist irrsinnig schwierig, denn du musst dich auf jeden Kunden einzeln einstellen, auch wenn er ganz konträr zu dir ist. Wenn ein Kunde sehr fein ist, versuche ich es mit einer entsprechenden Wortwahl. Aber am besten läuft's, wenn zwei gleiche Typen zusammenkommen.«

Das Coaching mit uns hat ihm sehr geholfen. Sein Verkaufserfolg ist in den letzten zwei Jahren kontinuierlich gestiegen und dabei hat er auch hochpreisig verkauft. Wir wollten von ihm wissen, was ihm dabei besonders geholfen hat. »Ich habe gelernt, dem Kunden gewisse Grenzen zu setzen. Ich kann jetzt auch mal grantig werden und schimpfen, wenn mir was nicht passt. Inwieweit ich das auch im Verkauf mache, weiß ich nicht; ich kontrolliere das nicht im Gespräch. Der Kunde ist für mich nicht König, sondern Partner. Er muss sich partnerschaftlich verhalten. Er darf nicht unverschämt werden, sonst geh ich.«

Damit hat Alois ganz zentrale Problembereiche angesprochen, an denen Verkäufer häufig scheitern. Gerade abschlussschwache Verkäufer tendieren dazu, dem Kunden übermäßig entgegenzukommen. Aus der Angst heraus, möglicherweise einen Kunden zu verlieren, scheuen sie sich davor, klare Grenzen zu ziehen und vermindern so ihre Überzeugungskraft und authentische Ausstrahlung. Paradoxerweise verlieren sie gerade dadurch Kunden oder müssen den Verkauf zu schlechteren Konditionen besiegeln.

Die mangelnde Fähigkeit zur Grenzsetzung hängt mit vielerlei psychologischen Faktoren zusammen, in erster Linie mit Selbstwertdefiziten und einem mangelnden Zugang zu den eigenen Emotionen. Weniger erfolgreiche Verkäufer halten häufig ihre Emotionen und ursprünglichen Impulse hinter einer Maske aus Wohlerzogenheit und Normalität zurück. Wir gehen auf diese Maske in Kapitel 5 ausführlich ein. Auf diese Weise steht ihnen aber auch die »emotionale Intelligenz« und handlungssteuernde Wirkung dieser Impulse nicht zur Verfügung. Wenn ein Verkäufer jedoch einen guten Zugang zu seinen Bedürfnissen und Gefühlen hat, dann wird er es sofort merken, wenn seine Grenzen überschritten, seine Bedürfnisse verletzt werden. Er kann dann spontan und angemessen reagieren, wirkt auf diese Weise überzeugend und ist geschäftlich erfolgreich. Letztes Jahr hatte Alois 40% mehr Umsatz erzielt als sein Partner. Außerdem ist die Gewinnspanne bei ihm deutlich größer, weil sein Partner die Kunden öfter mit Rabatten ködern muss.

Fokussieren

Wer Erfolg haben will, darf sich nicht verzetteln, sondern muss seine Kräfte bündeln und auf realistische Ziele richten, das heißt fokussieren. Auch dabei ist von ausschlaggebender Bedeutung, ob man einen authentischen Zugang zu seinen Bedürfnissen und Gefühlen hat oder nicht. Das hilft, Prioritäten zu setzen. Wir gehen auf die entsprechenden Zusammenhänge ausführlich in Kapitel 4 »Was hemmt mich? Erfolgsverhinderungsprogramme« ein.

Auch Alois hat gelernt, Prioritäten zu setzen: »Das Adressensammeln, wie ich es früher gemacht habe, lohnt nicht. Ich habe nur Adressen von Kunden, die wirklich was wollen. Da kann ich meine Kräfte besser und sinnvoller einsetzen. Als einmal Flaute war, habe ich mich hingesetzt und die Akten durchgesehen, Überflüssiges aussortiert. Prompt rief ein Kunde an.«

Wenn Alois selbst gedanklich nicht im Verkauf ist, sondern an etwas anderes denken muss, geht der Umsatz runter. Ganz wichtig ist: »Es muss dir persönlich gut gehen, du musst klar sein, entspannt sein, darfst keine privaten Probleme haben. Ansonsten musst du vielleicht eine Therapie machen.« Am besten kann Alois verkaufen, wenn er keinen Druck hat, etwas verkaufen zu müssen.

Besser sein, nicht billiger

Zum erfolgreichen Verkaufen gehört auch, selbstbewusst die eigenen Qualitäten und die des Produkts zu vertreten. »Selbstbewusst« meint hier vor allem, sein Licht nicht unter den Scheffel zu stellen, sich und sein Produkt nicht unter Wert zu verkaufen. Sonst begibt man sich in einen aussichtslosen Unterbietungswettbewerb. Selbstredend geht auch das am besten authentisch.

Dazu sagte uns Alois: »Du musst auch selber bereit sein, dir Luxus zu gönnen, gerade wenn du im Luxussegment verkaufst. Du musst dir selbst vorstellen können, so viel Geld für einen Wintergarten ausgeben zu können. Ich verkaufe ein Top-Produkt. Ich schaue immer, dass es besser wird, nicht billiger. Es gibt bei Wintergärten eine harte Konkurrenz, und wenn der Kunde die Mentalität hat, das Billigste zu kaufen, hast du keine Chance. Wenn der Mitbewerber billiger ist? Na und, dafür bin ich besser! Der Kunde muss Vertrauen zu dir haben. Ich wünsche Kunden auch viel Glück, wenn sie nicht kaufen.«

Zusammengefasst lassen sich authentische Verkäufer folgendermaßen charakterisieren:

Authentische Verkäufer

- sind originell und haben einen unverwechselbaren Stil.
- strahlen die Freude am Verkaufen aus.
- füllen ihre Rolle als Verkäufer engagiert aus.
- haben ein menschenfreundliches Wesen.
- lösen Vertrauen aus und wirken glaubwürdig.
- sind in der Lage, immer wieder Menschen zu öffnen.
- können schnell einen freundschaftlichen Bezug zum Kunden herstellen.
- haben dauerhafte Kundenbeziehungen.
- polarisieren, indem sie wegen ihrer Art von vielen geliebt und von wenigen gehasst werden.
- können durch ihre positive Kundenbeziehung im Vergleich zu Wettbewerbern höhere Preise durchsetzen.

☞ Schauen Sie sich die Merkmale für den authentischen Verkäufer an. Zu wie viel Prozent erfüllen Sie die einzelnen Items?

☞ Suchen Sie sich die für Sie wichtigsten heraus.

☞ Suchen Sie sich auch die heraus, bei denen Sie das größte Entwicklungspotenzial haben. Das sind diejenigen, die bei Ihnen derzeit noch unterentwickelt sind oder auf die Sie ein-

...fach nicht so geachtet haben, von denen Sie aber glauben, dass Sie sie ausbauen und verbessern können.

☞ Sie können dann die Entwicklung dieser Merkmale während der gesamten Arbeit mit dem Buch verfolgen und haben dann hinterher ein schönes Feedback, was Sie erreicht haben und wo Sie vielleicht noch mehr erreichen können.

☞ Daraus lassen sich weitere konkrete Ziele für die Arbeit mit dem Buch – eventuell in einem zweiten Durchgang – ableiten.

Was nervt uns am meisten an Verkäufern?

Was nervt uns am meisten an Verkäufern? Stellen Sie sich Folgendes vor: Sie haben einen arbeitsreichen Tag, jede Menge Termine und arbeiten viel mit dem Telefon. Sie können es sich nicht leisten, nicht ans Telefon zu gehen. Sie erhalten pro Tag vielleicht 10 Anrufe von potenziellen Kunden. Aber vielleicht drei Anrufe kommen aus einem Callcenter und wollen Sie als Kunden werben. Wenn diese Anrufer mit ihrem stereotypen Singsang beginnen »Guten Tag, mein Name ist ...«, müssen Sie notgedrungen eine Weile mitspielen und sich die Zeit stehlen lassen, um herauszufiltern, ob das nicht vielleicht doch ein Kunde für Sie ist, der sich nur unglücklich ausdrückt. Das nervt! Das ist schon richtig Missbrauch. Anrufe aus Callcentern sind ungefähr genauso nervig wie Bettler in der U-Bahn. Die klingen übrigens fast genauso: »Guten Tag, mein Name ist Hans-Jürgen ...«

Unehrlichkeit

Was daran so nervt, ist nicht nur die Störung, die Grenzüberschreitung. Viele von uns wären sicherlich bereit, diese hinzunehmen, wenn sie das Gefühl hätten, dass der Störer mit einem legitimen Anliegen kommt. Was daran so nervt, ist vor allem das Verlogene, die schon am Tonfall und der Formulierung erkennbare Unaufrichtigkeit. Wir werden als Zuhörer einer paradoxen Situation ausgesetzt: Wir sollen dem Verkäufer die Botschaft abkaufen und gleichzeitig wichtige Teile der Botschaft überhören, nämlich diejenigen, die das Verlogene signalisieren. Das kann gar nicht funktionieren. Wir haben eigentlich nur die Wahl, die Kommunikation abzubrechen oder dem Verkäufer mal so richtig die Meinung zu sagen. Meistens entscheiden wir uns für das Erste. Einige aggressionsgehemmte Mitmenschen entscheiden sich vielleicht auch dafür, das Unaufrichtige zu überhören. Sie lassen sich überrumpeln, manipulieren und belügen, um nicht in die Konfrontation gehen zu müssen. Aber hinterher fühlen Sie sich schlecht und schwören sich, darauf nicht wieder hereinzufallen.

Zutexten

Nun, natürlich sind nicht alle Verkäufer so extrem nervig. Aber es gibt andere Verhaltensweisen, die in einem gewissen sozialen Rahmen üblich sind und trotzdem nerven. Stellen Sie sich vor, Sie interessieren sich dafür, eine private Krankenversicherung abzuschließen. Sie rufen ein paar verschiedene Versicherer an und lassen sich Angebote unterbreiten. Naturgemäß sind Sie dabei in den meisten Fällen weniger informiert als der Verkäufer. Sie erwarten also ein gewisses Maß an Beratung, haben vielleicht auch einige Fragen zu Varianten und Bedingungen. Möglicherweise haben Sie sich schon eine Art Checkliste zurechtgelegt, mit der Sie den Versicherer abklopfen wollen. Aber der Verkäufer am anderen Ende der Leitung schwallt Sie ständig mit Text zu, so dass Sie ihm kaum noch folgen können. Nicht nur, dass Sie auf diese Weise Schwierigkeiten haben, Ihre eigentlichen Fragen loszuwerden und beantwortet zu bekommen. Unangenehm ist vor allem der Eindruck, dass der Verkäufer Sie manipulieren möchte und dies aus unlauteren Motiven heraus tut. So etwas erzeugt Misstrauen und lässt Sie als Kunden die Flucht ergreifen. Würde er sich mit Ihnen einfach so unterhalten, wie das vielleicht ein guter Freund tun würde, hätte er dagegen viel gewonnen.

An diesem Beispiel werden schon einige Todsünden im Verkauf deutlich. Aber es gibt noch mehr:

Todsünden im Verkauf

- Unehrlichkeit
- Nicht-Zuhören
- Zutexten
- Zu wenig Fragen
- Fehlende Bedarfsanalyse
- Nichterkennen von Kundenwünschen
- Unpassender Zuschnitt des Angebots auf die Kundenwünsche
- Selbstüberschätzung und Arroganz
- Alles Schönreden
- Unzuverlässigkeit
- Mangelndes Selbstvertrauen

☞ Welche von diesen Sünden begehen Sie im Verkauf? Gehen Sie die Liste durch und suchen Sie sich diejenigen aus, an denen Sie arbeiten wollen.

☞ Wenn Sie sich nicht darüber im Klaren sind, können Sie auch Kollegen oder Kunden, die nichts gekauft haben, um ein Feedback bitten.

☞ Verfolgen Sie auch die Entwicklung dieser Sünden während Ihrer Arbeit mit diesem Buch.

☞ Sie können dann ein abschließendes Resümee ziehen, in welchen Punkten Sie sich verbessert haben und wo vielleicht noch etwas zu tun bleibt.

Was erwartet Sie in diesem Buch?

Im zweiten Kapitel »Was ist Authentizität?« erweitern und vertiefen wir unsere einleitenden Bemerkungen und zeigen Ihnen anhand charakteristischer Beispiele auf, was Authentizität im Verkauf bedeutet.

Im dritten Kapitel »Wie wirkt Authentizität in der Kommunikation?« erläutern wir Ihnen die Wirkungsweise von Authentizität in der Kommunikation. Es gibt Menschen, denen kann man nichts übel nehmen, selbst die größten Unverschämtheiten nicht. Sie strahlen auf merkwürdige Weise so viel Vertrauens- und Glaubwürdigkeit aus, dass alles, was sie sagen, irgendwie ankommt, selbst wenn sie Kritik üben. Wie machen die das?

Die meisten Verkäufer sind sich ihrer kommunikativen Wirkung nicht bewusst, und das ist tragisch. Verkaufen heißt in erster Linie, mit anderen zu kommunizieren. Daher ist es wichtig, dass Sie die Wirkungsweise der Kommunikation verstehen, die zwischen Ihrem Kunden und Ihnen als Verkäufer abläuft. Dabei ist es lohnenswert, sich die neuesten wissenschaftlichen Erkenntnisse der Marktforschung, der Glaubhaftigkeitsforschung (Forensische Psychologie) und der Neurobiologie anzusehen. Wir veranschaulichen sie Ihnen in diesem Kapitel. Sie werden verstehen, warum eine authentische Verkäuferpersönlichkeit in der Kommunikation mit dem Kunden überzeugender wirkt und damit den größten Verkaufserfolg erzielt. Sie verstehen dann auch besser, unter welchen Umständen Verkaufsrhetorik nicht funktioniert.

Die Kapitel vier bis sieben bilden eine gedankliche Einheit. Sie bauen methodisch aufeinander auf. Sie beginnen mit einer selbstkritischen Bestandsaufnahme Ihres Verkaufsverhaltens und Ihrer Erfolgsverhinderungsprogramme und führen über die Arbeit mit sich selbst hin zur veränderten Herangehensweise an den Kunden, zum authentischen Verkaufen. Diese Kapitel sind der Hauptteil des Buches, seine Essenz. Wenn Sie ein Überflieger sind und meinen, nicht genügend Zeit zum Lesen zu haben: Diese Kapitel sind die wichtigsten. Lesen Sie sie sorgfältig durch und arbeiten Sie mit den Übungen; es lohnt sich!

Im vierten Kapitel »Was hemmt mich? Erfolgsverhinderungsprogramme« geht es zunächst einmal um die selbstkritische Bestandsaufnahme, in welchen Bereichen Ihres Lebens Sie nicht authentisch sind und damit Ihren Erfolg als Verkäufer verhindern oder schmälern. Sie können hier zahlreiche Übungen und Checklisten durcharbeiten.

Im fünften Kapitel »Vom maskenhaften zum authentischen Verkäufer« zeigen wir Ihnen dann den Weg auf, wie Sie sich zu einem authentischen Verkäufer entwickeln können.

Als Kind müssen wir lernen, uns auf unsere Umwelt einzustellen. Zuerst sind das unsere Eltern und Geschwister, später auch Lehrer und Mitschüler. Diese kreative Anpassung ist für uns als Kind überlebenswichtig, da wir auf diese Bezugspersonen angewiesen sind.

Unsere Eltern sagen uns, was für uns gut und richtig ist. Zumindest als Kleinkinder haben wir keine Chance, kritisch darüber zu reflektieren, ob das stimmt oder nicht. In der Schule sollte das schon möglich sein, aber auch da passiert oft das Gegenteil. Dieser Anpassungsprozess hat viele Vorteile, zum Beispiel den, dass wir überleben, und oft auch, dass wir schneller lernen, uns in der Welt zurechtzufinden. Er hat aber auch einen entscheidenden Nachteil: Wir verlieren einen Teil unserer Authentizität. Wir fangen an, in unserem Leben für bestimmte Situationen eine Maske aufzusetzen und haben Ängste und Hemmungen, uns »ungeschminkt« zu zeigen. In vielen Bereichen stört das nicht weiter oder ist sogar erwünscht.

Im Verkauf gilt das nur sehr begrenzt. Der Kunde erkennt unbewusst – manchmal auch bewusst, ob Sie als Verkäufer eine Maske tragen oder ob Sie authentisch sind. Wenn Sie maskenhaft agieren, wird Ihr Kunde misstrauisch und kauft nichts. Wenn Sie als Verkäufer erfolgreich sein wollen, ist es also nützlich, wenn Sie sich Ihrer Masken, Ängste und Hemmungen bewusst werden. Setzen Sie sich mit ihnen auseinander, um wieder zum ursprünglichen Kern Ihrer Persönlichkeit vorzudringen.

In diesem Kapitel werden Sie deshalb mit Beispielen und Übungen an die folgenden Fragen herangeführt:

- Was hemmt mich als Verkäufer?
- Welche Verkaufsmasken habe ich?
- Wie kann ich meine Maske fallen lassen?
- Welche Gefühle sind hinter meiner Maske verborgen?
- Wie kann ich mich durch meine Ängste hindurch kämpfen?
- Wie kann ich meinen inneren Edelstein, den Kern meiner Persönlichkeit leuchten lassen?
- Wie entwickle ich den Kern?

Im sechsten Kapitel »Wie setze ich das um? Vom guten Vorsatz zur guten Tat« zeigen wir Ihnen Schritte auf, wie Sie Ihre neuen Erkenntnisse in handhabbare Veränderungen für Ihre Verkaufstätigkeit umsetzen können. Nachdem Sie also im vorangegangenen Kapitel gelernt haben, um *was* es geht, steht nun das *Wie* im Vordergrund. Wie können Sie sich verändern? Wir stellen Ihnen wichtige

Hilfsmittel und Rituale vor. Zahlreiche vertiefende Übungen helfen Ihnen, den Weg zu mehr Authentizität im Verkauf zu beschreiten.

Nachdem Sie sich bis hierher vor allem mit sich selbst auseinandergesetzt haben, verlagert sich **im siebten Kapitel »Wahrnehmung des Kunden und authentischer Kundenkontakt«** der Fokus auf Ihre Interaktion mit dem Kunden. Es geht nun darum, Ihre Wahrnehmung des Kunden im Lichte der neugewonnenen Erkenntnisse und Veränderungen zu überprüfen und in entsprechend veränderte authentische Verhaltensweisen umzumünzen. Dabei liegt der Schwerpunkt wiederum auf der Kommunikation, denn Verkaufen ist in erster Linie Kommunikation. Sie bekommen zunächst Gelegenheit, sich mit Ihren Vorbehalten und Ängsten gegenüber Kunden auseinanderzusetzen. Dann aber geht es vor allem darum, wie Sie ein Verkaufsgespräch authentisch und erfolgreich führen können. Auch hier helfen Ihnen wieder Übungen und Checklisten. Sie lernen, wie Sie diese Erkenntnisse in Ihren Verkaufsalltag integrieren können, um Ihren Erfolg als Verkäufer stark zu verbessern.

Dabei geht es um das gefühlsmäßige Einschwingen auf den Kunden. Ein Verkaufsprozess ist in jedem Fall etwas situativ Variables. Wenn Sie Erfolg haben wollen, ist es wichtig, dass Sie sich als Verkäufer darauf einstellen. Sie bekommen hier Hinweise, wie Sie das machen können und was Sie vielleicht innerlich daran hindert. Nach dem Durcharbeiten des vorangegangenen Kapitels verstehen Sie bereits besser, was in Ihnen selbst abläuft. Sie können diese Erkenntnisse und Einsichten nun anwenden, um analoge Prozesse bei Ihren Kunden wahrzunehmen.

Worin unterscheidet sich ein optimales Verkaufsgespräch von einem desaströsen? Erstens: in der Wahrnehmungsfähigkeit des Verkäufers, wo er selbst und wo der Kunde steht. Zweitens: in der Fähigkeit des Verkäufers, darauf authentisch zu reagieren.

Verkaufen fängt da an, wo ein Verkaufsgespräch auch scheitern könnte. Der gute Verkäufer zeichnet sich dadurch aus, dass er diesen Punkt wahrnimmt sowie intuitiv und authentisch das Richtige tut, um zum Verkaufsabschluss zu kommen. Wer als Verkäufer nicht bemerkt, wo er und der Kunde wirklich stehen und dann noch nach angelernten Verhaltensschemen agiert, wird scheitern. Sind Sie als Verkäufer dagegen in der Lage, die Gefühle Ihres Kunden – und Ihre eigenen – adäquat wahrzunehmen und zu deuten, haben Sie einen Erfolgsvorteil. Denn ein Verkaufsabschluss kommt nur dann zustande, wenn Ihr Kunde ein gutes Gefühl beim Verkaufsabschluss hat. Das Kapitel zeigt, wie Sie das realisieren können.

Im achten Kapitel »Zusammenfassung« ziehen wir ein Resümee. Was haben Sie bis hierher gelernt, was bleibt vielleicht noch zu tun? Checken Sie sich durch! Überprüfen Sie Ihre Veränderung!

Anschließend geben wir Ihnen **im neunten Kapitel »Ausblick«** Informationen für die mögliche Fortsetzung Ihres Weges zum authentischen Verkäufer.

Im Anhang finden Sie Checklisten, die in den Hauptteil dieses Buches integriert sind.

Ein ausführliches **Register** ergänzt dieses Arbeitsbuch und erleichtert Ihnen das gezielte Aufsuchen Sie interessierender Themen.

2
Was ist Authentizität?

> »Authentisch zu leben ist die Bereitschaft,
> täglich neu geboren
> zu werden.«[1]
>
> *Erich Fromm*

Der Ehrliche ist der Dumme

Unsere Gesellschaft leidet unter einem allgemeinen Verlust an Glaubwürdigkeit. *Der Ehrliche ist der Dumme* ist der Titel eines Bestsellers von Ulrich Wickert[2], der sich bereits vor einiger Zeit dieser Entwicklung annahm. Untertitel: *Über den Verlust der Werte.* Warum ist dieses Buch wohl ein Bestseller geworden? Ganz sicher, weil es einen Nerv breiter Bevölkerungskreise traf. Es gibt ein umfassendes Gefühl der Verunsicherung vieler Menschen, das durch den Titel angesprochen wurde. Sie korrespondiert mit der Aufweichung überkommener moralischer Werte, zum Beispiel dem, dass man nicht lügen soll. Immer mehr Bereiche des öffentlichen wie des privaten Lebens werden kommerzialisiert und von materiellen Motiven durchdrungen. Das führt zu Irritationen und dem Gefühl, umfassend manipuliert zu werden.

Schindluder treiben auch Politiker mit dem Thema Glaubwürdigkeit. Manchen ist vielleicht noch Uwe Barschels »Ehrenwort« in Erinnerung, das er als Ministerpräsident mit theatralischer Geste – er legte sich die rechte Hand auf das Herz – vor laufenden Fernsehkameras gewissermaßen der ganzen Nation gab. Kurze Zeit später war er nach Meinung vieler der Lüge überführt und lag tot in einer Schweizer Badewanne. Helmut Kohl gab dem Thema Ehrenwort eine besondere Wendung. Er berief sich auf sein gegenüber Spendern gegebenes Ehrenwort, deren Anonymität zu bewahren, und lehnte die Offenlegung der Spender ab – wohl wissend, dass die Spendenpraxis rechtswidrig war. Mag sein, dass er sich hier in einem persönlichen Dilemma befand, aber für einen ehemaligen Bundeskanzler schien sich hier ein verheerendes Verständnis von Ehre und Rechtsstaatlichkeit zu offenbaren. Gerhard Schröder – um

Authentisch verkaufen. Hans Vialon und Göran Hajek
Copyright © 2008 WILEY-VCH Verlag GmbH & Co. KGaA, Weinheim
ISBN: 978-3-527-50355-1

mal ein Beispiel von der politischen Gegenseite zu nehmen – setzte sich noch als Bundeskanzler massiv für die Gaspipeline zwischen Russland und Deutschland ein und wurde nach seiner Abwahl und nur kurze Zeit später hoch bezahlter Aufsichtsratsvorsitzender der mit diesem Pipelineprojekt befassten Holding. Er ist damit weiß Gott kein Einzelfall unter den Politikern.

Anlässlich gebrochener Wahlversprechen von Politikern fragte die *Zeit*[3] in ihrem Aufmacher auf der Titelseite:»Wem können wir noch vertrauen? Mäßigung, Wahrhaftigkeit, Courage: Auf welche Werte es jetzt ankommt, damit unsere Eliten wieder glaubwürdig werden.« In dem dazugehörigen Artikel wird eine Vertrauenskrise diagnostiziert, die Deutschland erfasst habe.

Auf vielfältige Weise strapaziert die Bankenkrise 2007/2008 das Thema Glaubwürdigkeit. Sie begann als Hypotheken- beziehungsweise Kreditkrise in den USA. Beim Thema Kredit geht es in erster Linie um Glaubwürdigkeit. Im Englischen wird das sprachlich sogar gleichgesetzt:»I give him credit« heißt so viel wie»Ich glaube ihm« oder auch»Ich glaube an ihn«. Das englische Wort»credibility« bedeutet Glaubwürdigkeit.

Eine Kreditkrise ist aber nicht nur vom Wortsinn her eine Glaubwürdigkeitskrise. Banken geben Kredite normalerweise nur nach gründlicher Prüfung der Kreditwürdigkeit des Schuldners heraus. Sie tun dies nicht nur aus Eigeninteresse, sondern auch aufgrund ihrer Verantwortung gegenüber dem gesamten Finanzsystem. Im Gegenzug erhalten sie von den jeweiligen Staaten das Privileg, als Bank Geschäfte machen zu dürfen. Die Allgemeinheit trägt dieses Privileg mit in der Annahme, dass die Banken wissen, was sie tun und verantwortlich handeln. Im Falle der Hypothekenkrise haben amerikanische Banken ihre Verantwortung nicht ausreichend wahrgenommen und die Kriterien zur Vergabe von Krediten bewusst aufgeweicht. Dann haben sie versucht, die sich aus diesen faulen Krediten ergebenden Risiken zu vermindern, indem sie die Kredite zu Aktienpaketen bündelten und verkauften. Wie es scheint, waren die Käufer (darunter auch deutsche Banken) nicht immer ausreichend über die sich ergebenden Risiken informiert oder waren nicht ausreichend kompetent, diese Risiken zu überblicken. Dies wurde begünstigt durch unangemessen positive Ratings der entsprechenden Wertpapiere durch Ratingagenturen. Auch hier also Inkompetenz an einer Stelle, an der man sie nicht vermuten sollte.

Als sich das Ausmaß des Schlamassels allmählich abzeichnete, behaupteten viele Banken immer noch, davon nicht betroffen zu sein. Als sie dann einräumen mussten, doch von Verlusten betroffen zu sein, rauschten die Kurse in den Keller. Inzwischen war die Glaubwürdigkeit der Banken so stark beschädigt, dass einzelne Gerüchte ausreichten, um kurzfristig so massive Kapitalbewegungen auszulösen, dass die Zahlungsfähigkeit einzelner Banken beeinträchtigt wurde. Die Notenbanken sahen sich mehrfach gezwungen, massiv einzugreifen, um das Weltfinanzsystem vor dem Zusammenbruch zu bewahren. Als Folge der Bankenkrise ist zu erwarten, dass die Spielregeln der Vergabe von Krediten strenger gefasst und die Bankenaufsicht verschärft wird. Zumindest wurde dies angekündigt.

An diesen Vorgängen befremdet neben der gigantischen Dimension des Schadens durch Inkompetenz noch etwas anderes: die völlige Abwesenheit von Schuldempfinden oder zumindest öffentlich eingestandener Schuld durch die verantwortlichen Manager und Aufsichtsgremien. Wenn eine Verkäuferin im Stress des Kassierens an der Supermarktkasse zu viel Geld herausgibt und dadurch einen Schaden von – sagen wir – 50 Euro verursacht, muss sie den von ihrem kargen Lohn ersetzen. Wenn – wie 2008 mehrfach geschehen – Manager von Banken einen Schaden von mehreren Milliarden Euro zu verantworten haben, behalten sie ihre hoch dotierten Posten und der Staat, also die Allgemeinheit, zu der auch die Kassiererin gehört, helfen der Bank aus und begleichen den Schaden. Wird wirklich einmal ein Manager wegen grober Fehler gefeuert, bekommt er meist eine hohe Abfindung.

Häufiger aber kommt es wohl vor, dass die Verantwortlichen vor der Bekanntgabe schlechter Nachrichten ihre Unternehmensaktien verkaufen, um sie nach der Bekanntgabe und den dadurch verursachten Kursverlusten weitaus billiger wieder zu kaufen und sich auf diese Weise am eigenen Versagen zu bereichern.

Klaus Schweinsberg, der Chefredakteur des Magazins *Capital*, fragte in einem Leitartikel »Sind Top-Manager asozial?«[4] Und er beantwortete die Frage mit einem Ja. Verantwortlich dafür macht er die Auswahlkriterien für den Führungskräfte-Nachwuchs, bei denen es – sektenähnlich – einzig und allein um die Bereitschaft gehe,

»seine Seele an den Arbeitgeber zu verkaufen. [...] Allein der zeitliche Einsatz, der von aufstrebenden Führungskräften in den ersten Berufsjahren eingefordert wird, lässt eine ernsthafte Beziehung zu Menschen außerhalb der Firma, sei es Familie oder Freunde, nicht mehr zu, geschweige denn ein Engagement in Nachbarschaft oder Verein.« Als Konsequenz hätten die künftigen Führungskräfte bereits vor ihrem 30. Lebensjahr »jede Bodenhaftung verloren«.

Die jüngsten Korruptionsaffären bei Volkswagen und Siemens runden das Bild ab, aber Korruption gab es schon immer. Neu ist hier vielleicht der an die Öffentlichkeit getretene systematische Charakter der Korruption bei Unternehmen, die viele Menschen mit Deutschland identifizieren, auch wenn sie längst große internationale Firmenkonglomerate sind. Das widerspricht Vorstellungen von »deutscher Wertarbeit« und Tugenden wie Zuverlässigkeit, Pflichtbewusstsein, Ordnung und Disziplin, mithin also traditionellen Werten der protestantischen Arbeitsethik, die in Deutschland fest verwurzelt ist.

Von besonderer Brisanz war auch die Steueraffäre zu Beginn des Jahres 2008. Viele wohlhabende Deutsche, darunter auch prominente Spitzenmanager wie der Chef der Deutschen Post, begingen offenbar systematisch Steuerhinterziehung. Öffentlich präsentierten sich zumindest Einzelne von ihnen hingegen als eine Art moralische Autorität. Die Affäre alarmierte zahlreiche Spitzenpolitiker, die öffentlich vor dem drohenden Legitimationsverlust des Gesellschaftsmodells der sozialen Marktwirtschaft warnten. Neu ist indes das Phänomen der Steuerhinterziehung nicht. Neu ist vielmehr, dass der Staat hier genauer hinsieht. Auch hier deutet sich also eine Neubewertung der Spielregeln an.

Selbst Bereiche des öffentlichen Lebens wie zum Beispiel Schulen, Universitäten oder auch der Wetterbericht im öffentlich-rechtlichen Fernsehen, die früher als Domänen einer »objektiven«, interesselosen Wissensvermittlung galten, werden intensiv von kommerzieller Werbung durchdrungen. Professoren richten auf der Suche nach »Drittmitteln« ihre Forschungs- und Lehrinhalte nach den Interessen potenzieller Geldgeber aus. Das muss an sich nichts Schlechtes sein, vermindert aber ihre Glaubwürdigkeit im Hinblick auf wissenschaftliche Neutralität und Objektivität.

Spitzensportler sind mit Werbung drapiert wie eine Litfaßsäule. Viele von ihnen nehmen Dopingpräparate und leugnen dies selbst dann noch, wenn sie längst des Dopings überführt sind. Die Liste der Beispiele ließe sich noch eine Weile verlängern.

So etwas fällt den meisten Menschen schon gar nicht mehr auf, ärgern und verunsichern tut es sie aber doch. Es existiert ein umfassendes Gefühl, manipuliert zu werden und öffentlichen Verlautbarungen, insbesondere der Werbung, nicht trauen zu können. Gewinnmaximierung scheint jede Belästigung, ja sogar kleinere und größere handfeste Lügen und kriminelle Aktivitäten zu rechtfertigen. »Der Ehrliche ist der Dumme«, das trifft genau dieses Gefühl. Zugleich drückt sich in dem Satz aber auch eine Sehnsucht aus, die Sehnsucht nach Ehrlichkeit oder eben Authentizität.

Unsere Gesellschaft leidet unter einem Verlust an Glaubwürdigkeit. Die Menschen sind verunsichert durch den raschen, teilweise auch überraschenden Wandel ihrer Arbeits- und Lebensbedingungen (Stichwort »Globalisierung«), den Werteverfall, Skandale vielfältiger Art. Umgekehrt proportional dazu besteht ein starkes Bedürfnis nach Ehrlichkeit, Verlässlichkeit und Authentizität. In dieser Situation hat derjenige einen Marktvorteil, der Glaubwürdigkeit authentisch ausstrahlt.

Empfehler verzweifelt gesucht

Aber nicht nur wegen des Werteverfalls sehnen wir uns nach Authentizität. Die Welt um uns herum wird immer komplexer und komplizierter. Wir entwickeln uns zu Spezialisten. Das bedeutet, dass die meisten von uns in vielen Bereichen mit gesundem Halbwissen auskommen müssen. Wir können nicht mehr mit Sicherheit beurteilen, ob das, was wir kaufen wollen, gut für uns ist und zu uns passt. Nur die wenigsten von uns wissen oder verstehen noch, was in einem Mobiltelefon, einem Computer, dem Motor unseres Autos oder bei unserer Krankenversicherung wirklich vor sich geht. Wir sind froh, wenn alles einigermaßen so funktioniert, wie es soll. Wenn es Probleme gibt, müssen wir in der Regel einen Experten hinzuziehen, der sie für uns löst. Dabei haben wir relativ wenige Möglichkeiten zu überprüfen, was uns der Experte sagt. In dieser Situation der zunehmenden Ungewissheit bekommt die Glaubwürdigkeit des Experten einen viel höheren Stellenwert, als dies noch in früheren Zeiten der Fall war, in denen man zum Beispiel einfach den Fernseher aufschrauben konnte und nachsehen konnte, ob die Röhren noch funktionieren oder nicht.

Sie kennen das bestimmt aus eigener Erfahrung: Sie gehen in einen Elektronikmarkt und wollen einen Fernseher kaufen. Wenn Ihr letzter Kauf eines Fernsehers schon eine Weile her ist, können Sie da ganz schön ins Staunen und Schlingern kommen. Früher standen da vielleicht ein paar unterschiedliche Modelle, also größere und kleinere, mit vielleicht zwei oder drei grundsätzlich unterschiedlichen technischen Systemen. Pal oder Secam hießen die Schlüsselworte. Man konnte schnell erkennen, welches Produkt man kaufen sollte, durch eine einfache Beratung. Dabei spielte der Geldbeutel natürlich eine gewisse Rolle.

Auch heute wollen Sie natürlich zum günstigsten Preis kaufen, aber wie entscheiden Sie, was günstig ist? Wenn Sie da in einem Elektronikmarkt vor einer Reihe von 30 bis 40 unterschiedlichen Flachbildschirmen stehen, dann grübeln Sie selbst als technikaffiner Mensch: »Welchen solltest du wohl nehmen?« Sie lesen sich vielleicht einige Produktbeschreibungen durch, sind dadurch aber auf keinen Fall ein Stück schlauer. Und das nicht nur wegen der Abkürzungen, die sich auf englischsprachige Fachtermini beziehen, die Sie meistens noch nie gehört haben. Es ist oft auch schwierig, überhaupt einen Unterschied in der Bildqualität zu erkennen, obwohl sich die Beschreibungen der Produkte unterscheiden. Wenn Sie beispielsweise auf die angegebene Pixelzahl achten und Produkte vergleichen, hat vielleicht der eine Bildschirm 1300 und der andere 1000 Pixel. Dann sehen Sie auf den Bildschirm und finden beide Bilder gleich scharf und brillant.

Wie man Kunden verliert

Was machen Sie da als Kunde? Sie versuchen, einen Verkäufer in diesem Elektronikmarkt anzusprechen, um sich beraten zu lassen. Das ist oft nicht gerade einfach. Wenn Sie dann das Glück haben, einen der heiß begehrten Verkäufer zu ergattern, dann erklärt der Ihnen nochmal das Gleiche, was auf dem Schildchen steht. Wenn Sie großes Glück haben, kann er sogar erklären, was die Abkürzungen bedeuten. Wenn Sie Pech haben, schaut er Sie distinguiert an, als kämen Sie vom Mond. Beides bringt Sie kein Stückchen weiter.

Dann gehen Sie vielleicht nach Hause, ohne etwas gekauft zu haben, und beschließen, sich selbst im Internet zu informieren. Eventuell beschäftigen Sie sich dann mehrere Stunden damit, die Qualitätsunterschiede zu verstehen, vergleichen Testergebnisse und so weiter. Vielleicht sagen Sie sich dann aber auch: »Warum muss ich eigentlich so viel Zeit verplempern, um einen Fernseher zu kaufen? Warum kann der Verkäufer mir nicht plausibel und glaubwürdig erklären, welcher Fernseher für meine Bedürfnisse der beste ist?« Nebenbei entdecken Sie bei Ihren Recherchen vielleicht auch, wo Sie einen bestimmten Fernseher billiger bekommen als in dem Elektronikmarkt, in dem Sie waren. Und schon hat der Elektronikmarkt einen Kunden weniger.

Der Verkäufer als Leuchtturm im Nebel

Uns beiden ist es schon häufiger auch bei anderen Produkten so gegangen und vielleicht Ihnen auch. Letztendlich gehen wir als Kunden oft ratlos aus einem Geschäft wieder fort, ohne etwas zu kaufen, weil uns keiner bei der eigentlichen Entscheidungsfindung helfen konnte. Wonach wir uns sehnen, ist ein Verkäufer, der Ahnung hat und der uns glaubhaft erklären kann, warum ein bestimmtes Produkt auf unsere Bedürfnisse passt. Wir brauchen einen echten »Vertrauten und Empfehler«. Wenn wir nachher zu einem Freund hingingen, der uns sagen würde »Mensch, Du musst den kaufen, der ist wirklich gut«, wäre die Kaufwahrscheinlichkeit viel höher als bei dem, was in dem verunglückten Beratungsgespräch im Elektronikmarkt herausgekommen ist.

Das Marketing vieler Firmen versucht, diese Orientierungslosigkeit den Kunden mit immer größerem Werbedruck zu nehmen. Dadurch wird sie aber eher größer, weil die Masse der Informationen, die auf uns trifft, auch immer größer wird – eine Art Vernebelungseffekt. In diesem Umfeld suchen wir automatisch Menschen, die uns Orientierung geben. Sie als Verkäufer sind deshalb gefordert, mehr und mehr diese Orientierungsfunktion für den Kunden zu übernehmen. Das können Sie aber nur, wenn Sie authentisch auftreten. Das bedeutet, dass Sie Ehrlichkeit, Vertrauen und Glaubwürdigkeit mit »Haut und Haaren« ausstrahlen. Und dazu zählt natürlich auch Wissen.

Wenn Sie jetzt vielleicht denken, dass das nur bei Fernsehern und Technik der Fall ist, dann gehen Sie einmal bitte in einen gewöhnlichen Supermarkt. Stellen Sie sich vor eine Reihe mit unterschiedlichen Waschmitteln und versuchen Sie herauszufinden, welches für Sie das beste ist. Auch das ist schwer. Früher standen da nur wenige Waschmittel in vielleicht zwei Größen, heute stehen da zwanzig in fünf unterschiedlichen Größen, mit diversen Ökosiegeln und Angaben zu Hautverträglichkeit und Wasserhärte.

Genau diese Komplexität der modernen Konsumgesellschaft bedingt, dass selbst Kunden mit hohem Bildungsniveau jemanden brauchen, der ihnen vertrauenswürdig hilft, die richtige Entscheidung zu treffen.

Glaubhafte Verkäuferpersönlichkeit gesucht

Wir müssen also demjenigen, der uns berät, vertrauen können. Wie machen wir das? Wir suchen nach Anzeichen, die dieses Vertrauen rechtfertigen, und sind sehr hellhörig für Hinweise, die das Gegenteil nahelegen. Wir fragen uns: Will der Verkäufer uns nur etwas aufschwatzen oder werden wir wirklich beraten? Denkt er vor allem an unsere Interessen oder an seine? Ist er echt oder flunkert er uns etwas vor? Vor allem also: Ist er glaubhaft? Kurz und gut, dieser »Jemand«, dem ich glauben soll, der muss authentisch sein und darf nicht versuchen, mich mit Verkaufsrhetorik schachmatt zu setzen oder mir etwas aufzudrücken, was er persönlich besonders gut findet oder was ihm Geld einbringt, das aber nicht zu meinen Bedürfnissen passt.

Deshalb ist Authentizität im Kontakt mit dem Kunden so wichtig. Als Kunde wollen wir nicht das Gefühl haben, nach »Schema F« behandelt zu werden oder nur eine x-beliebige Nummer in der Kundenkartei zu sein. Wir wollen keine heruntergeleierten Standardfloskeln hören, denen man das Desinteresse des Sprechers schon anhört. Und schon gar nicht wollen wir mit einer situativ völlig unpassenden, obszönen Frauenstimme am Telefon belästigt werden, die so klingt, als ginge es um die Bestellung eines Tisches im Bordell und nicht um das Mobiltelefon, das wir gerade dringend brauchen.

Wir wollen vielmehr das Gefühl haben, dass uns ein individueller Mensch gegenübertritt, der persönlich dafür einsteht, was er uns sagt. Wir wollen spüren, dass er glaubt, was er uns sagt. Er muss davon überzeugt sein, oder er muss seine Zweifel offenlegen. Er soll uns kein X für ein U vormachen. Wir sind geradezu dankbar für jedes noch so geringe Zeichen, dass er unsere Lage erkennt und mitdenkt. Ein Waschmaschinenmonteur zum Beispiel, der uns aufgrund des Alters und des Gesamtzustandes der Maschine dazu rät, lieber eine neue Waschmaschine zu kaufen, anstatt uns eine teure Reparatur aufzuschwatzen, hat sicherlich einen Stein im Brett bei uns. Er wird dann zwar mit uns diesmal kein großes Geschäft machen, aber dafür werden wir ihn unseren Nachbarn empfehlen. Und wenn er so lange wartet, bis wir ihn fragen, ob er uns einen günstigen Waschmaschinenanbieter nennen kann, dann kann er uns vielleicht sogar noch eine Waschmaschine verkaufen.

Auch unsere Warenwelt ist komplexer und undurchschaubarer geworden. Dazu trägt auch das Überangebot an Informationen und Werbung bei. Die Möglichkeiten von Kunden, sich angemessen über ein Produkt zu informieren, stoßen an zeitliche Grenzen. Selbst Kunden mit hohem Bildungsgrad brauchen daher für ihre Kaufentscheidungen vertrauenswürdige Berater mit Expertenwissen, die kompetent und glaubwürdig auf ihre Wünsche und Bedürfnisse eingehen. Ein authentischer Verkäufer, der Glaubwürdigkeit mit Haut und Haaren ausstrahlt, hat dabei einen Marktvorteil.

Authentizität ist Menschlichkeit

Wer authentisch sein will, muss sich menschlich zeigen. Er darf nicht wie eine Maschine wirken, die keine Empfindungen hat und notfalls auch über Leichen geht. Und menschlich sein heißt, in der Lage zu sein, mit anderen Menschen mitzufühlen, mitzuschwingen. Wir Menschen sind soziale Wesen, wir können nur in der Gemeinschaft leben.

Kennen Sie Dirk Müller? Vom Namen her vielleicht nicht, aber sein Bild haben Sie bestimmt schon einmal gesehen. Er ist der bekannteste Aktienhändler in Frankfurt/Main. Er ist deswegen so bekannt, weil sich in seinem Gesicht authentisch der Verlauf des jeweiligen Börsengeschehens abbildet. Deswegen ist er ein äußerst beliebtes Fotoobjekt für Pressefotografen. Sein entsetztes Gesicht beim Börsencrash im Januar 2008 schaffte es auf die Titelseiten zahlreicher internationaler Zeitungen, darunter die *New York Times*. Er drückt aber in seiner Mimik und Gestik auch Euphorie und Wut aus und gibt Interviews, in denen er den Emotionen der Anleger eine Stimme verleiht. Das macht ihn so außerordentlich glaubhaft und beliebt. Die *Süddeutsche Zeitung*[5] widmete ihm einen vierspaltigen Artikel mit der Überschrift »Dirk Müller, Popstar. Der Makler aus einer badischen Kleinstadt wurde zum Gesicht der Börse, weil er Gefühle von Euphorie bis Angst ausdrückt«.

Das Problem der nicht authentischen Callcenter

Noch einmal zu den schon im Einleitungskapitel angesprochenen Callcenter-Anrufen. Sie sind ein Paradebeispiel für den nicht authentischen Verkauf. Durch den stereotyp vorgetragenen ersten Satz »Schönen guten Tag, mein Name ist ...« klingeln bei uns die Glocken, dass uns jetzt irgendwas verkauft und aufgedrückt werden soll. Die meisten Kunden legen schon an dieser Stelle wieder auf. Allein der Ton zu Beginn des Gesprächs sorgt dafür, dass beim Kunden innerlich eine Abneigung entsteht. Aber damit nicht genug, werden die Kunden als nächstes inquisitorisch befragt:

»Spreche ich mit Herrn Hajek?«
(genervt) »Ja.«
»Mit Herrn Göran Hajek?«

Spätestens hier wird es schwierig, nicht wütend zu werden, vor allem wenn man sich als höflicher Mensch schon zu Beginn des Gesprächs mit Namen gemeldet hat.

Man hat als Kunde das Gefühl, die Leute arbeiten nur nach einem vorgefertigten Skript – was in der Regel auch zutrifft. Diesen katastrophalen Gesprächseindruck kann der Verkäufer im Grunde gar nicht mehr aufholen, egal, was er noch sagt. Man fühlt sich eiskalt abgecheckt. Ein Häkchen hier, ein Häkchen dort, aber ein wirkliches Interesse am Kunden wird nicht vermittelt und existiert auch nicht. Der Tonfall ist meist wie der eines Computers. Das funktioniert ganz gut bei den Lautsprecherdurchsagen auf Bahnhöfen (»Meine Damen und Herren, auf Gleis 6, fährt ein, der Zug, von ... über ... nach ...«), aber eben nicht, wenn man einen Kunden gewinnen möchte. Göran fragte einmal eine Dame aus so einem Callcenter: »Sagen Sie mal, können Sie auch natürlich sprechen?« Da antwortete sie im selben gekünstelten Singsang: »Was ist für Sie natürlich?«

Hans war im letzten Jahr interimsmäßig Vertriebsleiter in einem großen Callcenter mit 80 Beschäftigten. Als Erstes instruierte er die Mitarbeiter, nicht einfach automatenhaft den standardisierten Satz zu sagen, »Guten Tag, mein Name ist ...«, sondern »Hallo Herr ...«, auf eine ganz natürliche Art und Weise – mit sofort spürbarem Erfolg.

> Wer sich als Verkäufer gegenüber seinen Kunden als Mensch und nicht als Maschine verhält, wirkt glaubwürdiger und zieht Sympathien auf sich.

Die Furcht vor der Freiheit

Das Thema Authentizität ist keineswegs ein Modethema. Die Frage »Wie kann ich authentisch leben?«, ist vielmehr eine, die die

Sozialwissenschaften im 20. Jahrhundert fast durchgängig beschäftigt hat – mit sehr unterschiedlichen Akzentsetzungen. Es ist nicht Sinn und Aufgabe unseres Buches, die entsprechenden philosophischen Diskurse zu referieren. Wir wollen an dieser Stelle beispielhaft auf die Theorien Erich Fromms hinweisen, die unter anderem zum Thema Authentizität bis heute Gültigkeit haben.

Fromm ging der Frage nach[6], warum es uns Menschen in der modernen westlichen Industriegesellschaft so schwerfällt, unsere Freiheitsgrade zu nutzen und authentisch zu leben. Historisch gesehen waren die Menschen noch nie so frei von gesellschaftlichen und naturbedingten Zwängen wie in den westlichen Demokratien. Trotzdem nutzen viele Menschen diese Freiheit nicht, sondern fürchten sich vor ihr. Sie flüchten sich in charakteristische Abwehrmuster, weil sie nicht gelernt haben, authentisch ihre eigene Wahrheit zu leben. Sie sind verunsichert von der Komplexität der Welt. Die Freiheit macht ihnen Angst, und das macht sie anfällig für allerlei Verführungen und Manipulationen.

Es gibt laut Fromm drei grundlegende Fluchtmechanismen vor der Freiheit: die Flucht in den Konformismus, die Flucht ins Autoritäre und die Flucht in die Destruktivität. Alle drei Tendenzen werden leider auch im Verkauf bedient.

Bei der Flucht in den Konformismus passen sich die Menschen der Mehrheit an und verleugnen ihre Individualität. Es geht vorrangig darum, von den anderen nicht unterscheidbar und dadurch nicht angreifbar zu sein.

Bei der Flucht ins Autoritäre versuchen die Menschen, die Komplexität der Wirklichkeit dadurch zu reduzieren, dass sie sich einer Autorität bedingungslos unterwerfen und dadurch auf subjektive Sicherheit hoffen. Auch dies geht einher mit einem Verlust an Individualität, Entscheidungsmöglichkeiten und Freiheit. Man wird zu einem Rädchen im Getriebe, zum Bestandteil einer Machtstruktur.

Bei der Flucht ins Destruktive verbinden die Menschen lustvolle Gefühle mit destruktiven Handlungen oder Vorstellungen. Destruktivität ist in unserer Kultur mindestens so universell verbreitet wie der Kommerz. Ein Blick in das abendliche Fernsehprogramm liefert genügend anschauliche Beispiele. Nachrichten sind meistens nur Nachrichten, wenn sie von etwas Negativem berichten, einem Skandal, einem Konflikt, einer Straftat, einem Unfall, einer Katastrophe, einem Krieg und so weiter. In Talkshows fallen sich die Gesprächsteilnehmer gegenseitig ins Wort, machen sich fertig oder lächerlich. In anderen Sendeformaten prügeln sie sich auch. Die Anzahl der Toten in den Spielfilmen eines einzigen Fernsehabends ist kaum noch ermittelbar. Menschen werden gefoltert, erschossen, erstochen, zerhackt, von Bomben zerrissen. Etwas ganz Natürliches hingegen, was Menschen friedlich und lustvoll miteinander praktizieren können, ist immer noch anrüchig und wird meist entsprechend präsentiert: Sex.

Der Flucht in den Konformismus oder ins Autoritäre werden viele Selbstverwirklichungsbedürfnisse und kreative Neigungen geopfert. Die Lust an der Destruktivität stellt einen Ausgleichsmechanismus dafür dar. Man hält sich gewissermaßen am Leid und Unglück anderer schadlos.

Fromm und andere Autoren machten deutlich, dass alle diese Fluchtmechanismen von sehr archaischen Ängsten gespeist werden, zum Beispiel der Angst, aus der Gruppe herauszufallen und verstoßen zu werden oder als Individuum angreifbar zu sein.

Die Freiheit des Lebens in der modernen westlichen Welt macht vielen Menschen Angst. Sie flüchten sich in charakteristische Abwehrmuster, weil sie nicht gelernt haben, authentisch ihre eigene Wahrheit zu leben. Diese Abwehrmuster sind: die Flucht in den Konformismus, die Flucht ins Autoritäre und die Flucht in die Destruktivität. Alle diese Tendenzen werden leider auch im Verkauf bedient.

Die Bereitschaft, täglich neu geboren zu werden

Als positives Gegenstück und Ausweg aus diesen Fluchtmechanismen begreift Fromm das spontane Tätigsein. Nur im spontanen Tätigsein kann ich mich authentisch ausdrücken, meint Fromm. Künstler können dies im Idealfall besonders gut, frei von Konventionen und Sachzwängen.

Nun gut, das klingt bei ihm ein wenig schematisch und trocken. Und der Ausweg kann vielleicht auch nicht darin bestehen, dass wir alle Künstler werden. Aber wir können auch in unserer Arbeit als Verkäufer und in unserem Alltagsleben authentisch sein, indem wir unsere ureigensten Impulse bemerken, ausdrücken und ihnen nachgehen, anstatt uns in konformistische, autoritäre oder destruktive Verhaltensweisen zu flüchten. Wie das geht, darüber erfahren Sie im vierten Kapitel mehr.

Zum authentischen Leben zählt nach Fromm[7] auch die Fähigkeit zum Staunen und zum Sich-überraschen-Lassen. Das bedeutet, sich immer wieder neu auf Situationen einzulassen, aktuellen Geschehnissen mit vorurteilsloser Offenheit zu begegnen. Eine Voraussetzung dafür ist, Konflikte und Spannungen zu akzeptieren, anstatt ihnen aus dem Wege zu gehen. Um sich die Fähigkeit des Staunens zu erhalten, muss man bereit sein, vom Vorgegebenen abzuweichen, der eigenen Wahrheit zu folgen. Dabei ergeben sich unweigerlich Konflikte. Aber dabei entwickelt sich die eigene Kraft. Man eckt an, wird aber stärker und bleibt authentisch – auch in seinen Gefühlen.

>>Authentisch zu leben ist die Bereitschaft, täglich neu geboren zu werden.<<[8] Für Sie als Verkäufer bedeutet das, Ihre ureigensten Impulse zu bemerken, sie auszudrücken und ihnen nachzugehen, anstatt sich in konformistische, autoritäre oder destruktive Verhaltensweisen zu flüchten. Vergleichen Sie dazu auch die Checkliste elf im Anhang.

Selbstverwirklichung – der Spaßfaktor

Ilona (39) arbeitet im Callcenter ihres Mannes für die Kundenrückgewinnung und Kontaktpflege mit Kunden, unter anderem für Autohäuser. Das macht sie per Telefon. Sie ist dabei außerordentlich erfolgreich. Während ihre Kollegen im Schnitt zwei Kunden pro Stunde dafür gewinnen können, wieder einmal im Autohaus vorbeizuschauen, schafft sie locker sechs Einladungen pro Stunde – das Dreifache!

Wir wollten von ihr wissen, wie sie das macht. Wendet sie vielleicht einen bestimmten Trick an? Nein, sagt sie, sie hat kein »Schema F«, das sie benennen könnte. Ob sie eine bestimmte Technik der Gesprächseröffnung anwendet? Wieder nein. Sie meldet sich im Namen des Autohauses und nennt ihren Namen. Aber was bei ihrem Erfolg eine Rolle spielt, sagt sie, ist sicherlich, dass ihr die Arbeit Spaß macht. »Ich mag die Leute, die ich anrufe. Ich unterhalte mich wirklich mit ihnen. Das spüren die Leute. Ich lächle auch während des Gesprächs, weil ich wirklich Spaß daran habe.«

Die Leute mögen es auch, wenn sie mit ihrem Namen angesprochen werden. Ilona setzt dieses Mittel reichlich ein. Aber sie macht das nicht formell, sondern gibt den Leuten das Gefühl, dass sie sie wirklich persönlich als Individuum wahrnimmt. Wir fragten nach, wie sie das macht. Sie lässt die Leute erzählen und geht darauf ein. Sie hört sich an, was sie zu sagen haben und unterbricht sie nicht. Sie greift das dann auch wieder auf und signalisiert so, dass sie es gehört und aufgenommen hat.

Beispielsweise gewann sie einmal einen Kunden zurück, der sehr verärgert über ein Autohaus war. Sie brachte ihm großes Verständnis entgegen und sagte ihm, dass es ihr sehr Leid täte, dass sie ihn so verärgert hätten. »So sollte unsere Arbeit wirklich nicht sein.« Dabei spielt sie gewöhnlich mit offenen Karten. Sie signalisiert den Kunden: »Du bist wichtig für uns, und uns fällt auf, ob du kommst oder nicht. Das ist uns nicht egal.« Bei dem einen Kunden, der so sehr verärgert war, sagte sie: »Herr Meier, wie können wir das nur wieder gutmachen, dass uns da so ein Fehler unterlaufen ist? Wir wollen Sie als Kunden nicht verlieren.« Der Kunde kam dann wieder zu einer Probefahrt und kaufte. Sie sieht das so: Durch die offene und ehrliche Ansprache merkt der Kunde, Mensch, die wollen mich ja wirklich wieder haben. Der Kunde braucht das Gefühl, er ist keine Nummer, sondern er zählt als Person.

Aber wie geht sie mit besonders nervigen oder unverschämten Kunden um? Wird sie da auch mal wütend? Nein, sagt sie, das macht sie nicht, das liegt ihr gar nicht. Wenn ein Kunde besonders wütend ist und sie auch persönlich angreift, dann sagt sie allerdings schon, er soll sie nicht persönlich angreifen, sie hat das nicht verursacht und macht hier nur ihren Job. Das ist ihre Art, Grenzen zu setzen. Dabei wird sie im Ton eher leiser und weicher in der

Stimme. Das wirkt beruhigend auf die Kunden. »Wohlwollen in der Stimme« nennt sie das. Anfangs hat sie das ganz spontan gemacht, bis sie einmal das Feedback bekam, dass das eine wohltuende Wirkung hat. Seitdem setzt sie dieses Mittel auch bewusst ein.

Abschließend befragten wir Ilona, wie sie überhaupt zu dem Job gekommen ist, ob sie dafür irgendwie ausgebildet ist. Und da kamen wir wirklich ins Staunen. Sie macht das nämlich erst seit einem Jahr und ist eigentlich Polizeibeamtin im Erziehungsurlaub. Für sie sind die Kundenanrufe ein Ausgleich zur Hausarbeit und Betreuung ihrer Kinder, eine Chance zum Kontakt mit der Außenwelt. Das macht ihr Freude. »Der Spaßfaktor spielt eine wichtige Rolle dabei.« Ob sie das am Ende ihres Erziehungsurlaubs weitermachen möchte? Sie zeigt sich unschlüssig. Für sie ist es gerade das Angenehme, dass diese Arbeit nicht ihre einzige berufliche Perspektive ist.

Selbstverwirklichung

Selbstverwirklichung ist schon vom Wortsinn her ein wesentlicher Bestandteil authentischen Verhaltens: Wenn Sie sich selbst verwirklichen, entfalten Sie Ihre Originalität; Sie bleiben echt und unverwechselbar. Selbstverwirklichung kann auch häufig bedeuten, sein Leben nicht in vorgegebene Laufbahnen zu pressen, sondern sich immer wieder zu prüfen, ob die derzeitige Tätigkeit noch den aktuellen eigenen Interessen und Bedürfnissen entspricht. Dabei ist es gut, sich mehrere Optionen offen zu halten. Das verringert Abhängigkeiten, macht Sie angstfreier und lockerer und fördert den Spaß und die Begeisterungsfähigkeit an dem, was Sie als Verkäufer tun.

Engagement – ›ein eheähnliches Verhältnis‹

Aber auch die Kontinuität im Berufsfeld hat ihre eigenen Qualitäten, wenn sie mit Engagement und der Bereitschaft gepaart ist, über den Tellerrand hinauszuschauen.

Engagement bedeutet, die Bedürfnisse Ihrer Kunden wahrzunehmen und auf sie einzugehen, auch wenn sie eher allgemein-menschlicher Natur sind und über Ihr eigentliches Geschäftsfeld hinausgehen. Engagement bedeutet, Ihren Kunden zu demonstrieren, dass Sie sie als menschliche Wesen begreifen, die auch ein Leben außerhalb Ihres Geschäftsfeldes haben. Nicht zuletzt zeigen Sie damit auch, dass Sie selbst ein menschliches Wesen sind. Das kann Ihnen eine völlig neue Dimension der Kundenbeziehung erschließen: Sie können Kunden langfristig in ihrer Entwicklung begleiten und ihnen maßgeschneiderte Angebote unterbreiten – eine Art »Co-Evolution«.

Herbert W. (67) ist bereits im 36. Berufsjahr bei BMW. Seit 1993 ist er Geschäftsführer in einem Autohaus im Norden Deutschlands. Sein Schwerpunkt ist der Verkauf von Neuwagen. Obwohl das Autohaus im Norden Deutschlands liegt und BMW-Autohäuser in Deutschland reichlich vorhanden sind, verkauft er Autos bis zum Bodensee, an der Grenze zur Schweiz. Wie macht er das?

Offensichtlich hat Herr W. etwas im Kontakt mit dem Kunden, das überzeugt: Engagement. Er umschreibt es, wenn er darüber spricht, nennt es den »alten Stil«. Zum Beispiel, wenn er schildert, wie er mit Kunden in Kontakt kommt. Er versteckt sich nicht in seinem Büro irgendwo im Autohaus, sondern sitzt in einer Art Glaskanzel in sieben Meter Höhe über dem Verkaufsraum. Von dort aus kann er jederzeit überblicken, was dort gerade geschieht und welche Kunden zur Tür reinkommen. Dann geht er hinunter auf die Kunden zu und begrüßt sie persönlich. Viele von ihnen kennt er schon seit Jahrzehnten. Sie schicken aber auch ihre inzwischen erwachsenen Kinder zu ihm. »Das ist ein eheähnliches Verhältnis«, sagt er.

Er redet mit ihnen nicht nur über Autos. In seinem Büro hängt ein großes Bild mit Spitzenköchen und verschiedenen Prominenten. Viele Kunden springen darauf an und sprechen über ihre Hobbys. Darauf geht er gerne ein. Er empfiehlt ihnen gegebenenfalls auch Handwerker oder andere Fachleute am Ort. »Gegengeschäfte machen« nennt er das. Wenn er zum Beispiel mit einem Kunden spricht, der Probleme mit seiner Fußbodenheizung hat, empfiehlt er ihm einen Heizungsbauer, mit dem er selbst gute Erfahrungen gemacht hat. So etwas schafft Vertrauen. Wenn es sich gerade anbietet, nimmt er seine Kunden auch im Auto mit in die Stadt und trinkt mit ihnen dort einen Kaffee. Dabei kann man vieles in lockerer Form bereden.

Herbert W. kennt auch die problematischen Stellen eines Leasing-verkaufs. Er umschifft sie elegant und diskret. Verständlicherweise wollen viele Kunden ihre Einkommensverhältnisse nicht gerne dem Händler offenbaren. »Mit mir nicht«, sagen sie ihm. Lieber würden sie dann vom Kauf zurücktreten. Andere Händler scheitern hier vielleicht. Aber er drückt den Kunden dann das Papier der BMW-Bank in die Hand und lässt sie die Angaben selbst eintragen und an die Bank faxen.

Wenn ein Kunde abzuspringen droht oder ein Verkaufsgespräch suboptimal verlaufen ist, dann schläft er eine Nacht drüber und hakt noch mal nach, unterbreitet gegebenenfalls ein neues Angebot. Das heißt nicht, dass er mit dem Preis heruntergeht, sondern eher, dass er dem Kunden ein neues Modell anbietet, das vielleicht besser auf seine Bedürfnisse zugeschnitten ist. Dabei geht er in seiner Einsatz-bereitschaft wohl auch etwas über das gesunde Maß hinaus. »Der Einsatz ist gigantisch. Man kommt manchmal gar nicht richtig zum Luftholen.« In letzter Zeit hat er darauf geachtet, sich auch ab und zu zu erholen. Wenn er dann nicht da ist, warten seine Stammkunden ab, bis er wieder zurück ist, um sich mit ihm persönlich zu besprechen.

Engagement

Engagement bedeutet, die Bedürfnisse Ihrer Kunden wahrzunehmen und auf sie einzugehen, auch wenn sie eher allgemein-menschlicher Natur sind und über Ihr eigentliches Geschäftsfeld hinausgehen. Es bedeutet, sich menschlich zu verhalten – wie zu einem Familienangehörigen. Das kann Ihnen eine völlig neue Dimension der Kundenbeziehung erschließen: Sie können Kunden langfristig in ihrer Entwicklung begleiten und ihnen maßgeschnei-derte Angebote unterbreiten – eine Art »Co-Evolution«.

Das Pareto-Prinzip für die Authentizität

Beim Thema Authentizität gilt das Pareto-Prinzip 80/20. Das bedeutet: Achtzig Prozent Ihrer Verkaufsleistung erreichen Sie, indem Sie die Prinzipien der Verkaufsrhetorik anwenden, Ihr Produkt gut kennen, Fachwissen haben und Ihre Firma entsprechend präsentieren können. Aber der Weg zum Spitzenverkäufer führt über die letzten zwanzig Prozent. Und dafür brauchen Sie Authentizität.

Das ist wie beim 100-Meter-Finale bei den Olympischen Spielen. Der Erste läuft 9,84s, der Zweite 9,85s und der Dritte 9,86s. Der Unterschied ist minimal, aber nur der Erste erringt den Sieg. Dafür hat er hart an sich gearbeitet. Er hat etwas, was ihn von den anderen unterscheidet. Beim Verkauf macht diesen Unterschied die Authentizität. Sie bringt den Sieg.

Selbstbewusste Individualität zählt

Michael Bublé ist ein derzeit sehr erfolgreicher frankokanadischer Swingsänger. Obwohl Swing nicht gerade die Musikrichtung ist, die dem Zeitgeist entspricht, verkauft er Millionen CDs. Und das trotz seines ungewöhnlichen und für den angloamerikanischen Sprachraum nur schwer aussprechbaren französischen Namens (gesprochen »Büblee«).

In einem Interview[9] erzählte er die Geschichte, wie er bei seiner Plattenfirma Warner unterschreiben sollte. Sie mochten seinen Namen nicht und sahen ein Problem für die Vermarktung darin. Sie glaubten, dass ihn keiner ernst nehmen würde. Deswegen sollte er sich einen Künstlernamen zulegen. Er ging also nach Hause und dachte nach. Erst wollte er darauf eingehen. Aber dann rief er seinen Vater an und fragte ihn nach seiner Meinung. Sein Vater war einverstanden, um seinem Erfolg den Weg zu ebnen, aber Michael Bublé spürte, dass sein Vater sehr traurig war. Da wurde er sehr wütend auf die Leute von Warner und sagte ihnen am nächsten Tag: »Don't you ever fucking ask me again!« (zu Deutsch ungefähr: »Fragen Sie mich das verdammte Scheiße noch mal nie wieder!«). Genau in dieser Wortwahl. »Ich fühlte mich beleidigt. Plötzlich war mein Talent nichts mehr wert, meine Platte nichts mehr wert. Ich habe mit dem Namen Bublé gelebt ... und nie hat mein Name gestört. Warum sollte ich ihn verdammt noch mal ändern?« Daraufhin akzeptierte die Plattenfirma seinen Namen. Diese Entscheidung hat ihn beflügelt.

Auch in seinen Shows auf der Bühne tritt er so auf, wie er will und nicht, wie ihm das irgendjemand vorschreiben möchte. »Ich mache eine scharfe Show«, sagte er in dem Interview. Er lässt sich nicht von Leuten beeindrucken, die nicht zu seinen Konzerten gehen, weil er über Sex spricht oder Witze über Marihuana macht. Das hat ihn zwar nachdenklich gemacht, aber dann kam er zu dem Schluss: Ich bin so. Auf die fünf Prozent des Publikums, die das stört, kann er verzichten. Dafür kommen dreißig Prozent neue Leute.

Selbstbewusste Individualität ist letztlich nichts anderes als Authentizität. Wenn Sie sich in Ihrem Metier – Talent und Können einmal vorausgesetzt – selbstbewusst in Ihrer Originalität zeigen, dann hat das seine eigene Strahlkraft. Sie können damit Menschen begeistern.

Authentische Verkäufer polarisieren

Ein guter Verkäufer begeistert aber nicht jeden Kunden, sondern er polarisiert auch. Wir haben das gerade am Beispiel Michael Bublés gesehen. Von zehn Kunden sagen neun: »Mann, der ist richtig gut.« Und einer sagt: »Was für ein Idiot!« Aber das ist okay. Das ist besser, als wenn zehn sagen: »Ja, der war ganz nett.« Wenn der Verkäufer seinen eigenen authentischen Stil hat, dann findet genau diese Polarisierung statt. Neun werden ihn lieben, aber richtig herzhaft lieben, und einer sagt: »Das ist ein Idiot.« Sei's drum.

Aus tiefster, innerer Überzeugung zu handeln heißt auch, bei sich und seiner Meinung zu bleiben, bei seinem Gefühl, bei seiner inneren Haltung. Wenn Sie innerlich sagen können: »Ich glaube, dass das für den Kunden das Richtige ist«, gewinnen Sie mit dieser Haltung Kunden.

Viele Verkäufer glauben genau das Gegenteil. Sie meinen, sie müssten sich voll auf den Kunden ausrichten, und versuchen, sich ausschließlich auf die Wünsche des Kunden einzustellen. Tragischerweise macht sie gerade das unglaubwürdig, weil sie versuchen, sich anzupassen. Dieses Anpassen empfindet der Kunde als Schmeichelei, als unehrlich, als nicht klar. Dem Verkäufer fehlt genau an dieser Stelle Profil und Glaubwürdigkeit.

Polarisieren

Erfolgreiche Verkäufer polarisieren und vermeiden unnötige Kompromisse. Dadurch verlieren sie zwar einen Teil ihrer potenziellen Kundschaft, gewinnen aber einen größeren Teil hinzu, weil sie sich markant von der Konkurrenz abheben. Wenn das Verhältnis umgekehrt wäre, hätten sie etwas verkehrt gemacht. – Überlegen Sie sich, wo Sie unnötige Kompromisse machen und wie groß der Prozentsatz Ihrer Kundschaft wäre, den Sie vielleicht vergraulen würden, wenn Sie diese Kompromisse nicht eingehen würden. Aber wie viel Prozent Ihrer Kunden würden Sie dafür lieben?

Wie viel Verkaufsrhetorik brauchen Sie?

Authentisch zu sein, heißt, seine Individualität nicht zu verstecken, sondern selbstbewusst zu vertreten. In vielen Verkaufsseminaren, in denen Verkaufstechniken gelehrt werden, klagen die Verkäufer bei einzelnen Techniken: »Das passt gar nicht zu mir.« Oder: »Das finde ich blöd.« Bei anderen Techniken klingelt es sofort bei ihnen und sie spüren eine Welle der Erleichterung durch sich fließen. Sie merken, dass die Technik bei ihnen funktioniert. Nehmen Sie das ernst. Was dahinter steckt, ist nämlich in der Tat die Frage: »Was passt zu mir?« Wenn Sie das, was zu Ihnen passt, gefunden haben, haben Sie die Möglichkeit, das authentisch einzusetzen.

Natürlich muss der Verkäufer zunächst einmal erfragen, was der Kunde will. Er muss natürlich ein paar grundlegende Instrumente der Verkaufsrhetorik benutzen. Zum klassischen Ablauf eines Verkaufsgesprächs zählt, dass man eine gute Begrüßung macht, dass man eine saubere Bedarfsanalyse macht, ein gutes Angebot unterbreitet und einen guten Abschluss erzielt. Das gehört fraglos dazu.

Tricks

Die Frage ist, wie viel verkäuferische oder rhetorische Tricks man benutzt, um einen Kunden zu überzeugen oder – treffender gesagt – zu überreden. Wir meinen, so wenige wie möglich.

Der Ton macht die Musik

Dann ist da noch die Frage nach dem »Wie«. Wie mache ich etwas Authentisches daraus? In der Kommunikation gilt: Zehn Prozent ist der Inhalt, also das »Was«, und neunzig Prozent das »Wie«, also wie man etwas kommuniziert. Wenn wir über authentische Kommunikation reden, betrifft das in erster Linie das »Wie«. Und dieses »Wie« ist entscheidend für die Wirkung.

Wir haben beobachtet, dass es ganz unterschiedliche Typen von Verkäufern gibt. Es gibt Stille, die erfolgreich sind, es gibt total Extrovertierte, die erfolgreich sind, und es gibt Lustige, die erfolgreich sind. Wenn nur die Verkaufsrhetorik zählen würde, dann müsste derjenige der Erfolgreichste sein, der die Verkaufsrhetorik perfekt beherrscht. Dem ist aber nicht so. Ein Verkäufer ist nur dann besonders erfolgreich, wenn er seinen eigenen Stil gefunden hat, wenn er etwas gefunden hat, was wirklich zu ihm passt und was er glaubwürdig einsetzen kann. Das gilt auch für die persönliche Ansprache seiner Kunden, sie muss einfach zu ihm passen. Wenn ein Verkäufer in mittleren Jahren mit dem typischen Wiener Tonfall sagt »Küss die Hand, gnä' Frau!«, dann kann das passen und sehr charmant sein. Aber wenn das ein Berliner sagt, ist der Kunde einfach nur irritiert.

Erfolgreiche Verkäufer verstoßen gegen Verkaufsregeln

Hubert Schwarz ist ein äußerst erfolgreicher Extremradsportler. Er gewann 1989 alle fünf Ironman-Wettbewerbe der Welt und stellte in den Jahren darauf einige Weltrekorde auf. Unter anderem gewann er 1993 das Rennen »All around Australia« (14 183 km) in 42 Tagen, 8 Stunden und 12 Minuten und fuhr in 80 Tagen mit dem Fahrrad um die Welt. Bei seinen Vorträgen verstößt er so ziemlich gegen sämtliche Regeln der Verkaufsrhetorik. Er spricht zu schnell, ist nicht klar strukturiert und wirkt teilweise fahrig. Dennoch hängen ihm die Zuhörer an den Lippen, weil er in seiner Erzählweise sehr authentisch ist. Er stellt sich einfach auf die Bühne und erzählt über seine Erfolge und Rekorde. Dabei erzählt er aus seinem Herzen, wie er die Dinge erlebt hat, welche Schmerzen und welche Freuden er gehabt hat. Als Zuhörer erlebt man diese Gefühle mit ihm mit. Man kann nachvollziehen, was ihn antreibt. Er ist unverwechselbar, glaubwürdig und authentisch. Und das zieht sehr viele Menschen an. Der Erfolg seiner Seminare gibt ihm Recht.

Die Frage ist, wie viel Verkaufsrhetorik braucht man wirklich? Sie ist als Basis wichtig, reicht aber nicht aus. Um ein Topverkäufer zu werden, braucht man einfach seinen eigenen, unverwechselbaren und originellen, authentischen Stil.

Dabei kann ein erfolgreicher Verkäufer auch gegen Regeln verstoßen. Eine solche Regel besagt beispielsweise, ein Verkäufer sollte Negationen vermeiden. Er sollte dem Kunden nicht sagen, was nicht geht. Wenn er zum Beispiel einem Kunden seine ehrliche Meinung sagen würde, dass ein bestimmtes Produkt nicht zu ihm passt, dann wäre das nach dieser Regel falsch. Aber der authentische Verkäufer sagt dem Kunden: »Ich glaube, dass das Produkt nicht zu Ihnen passt. Ich würde Ihnen etwas anderes empfehlen.« Er äußert dies aus tiefster, innerer Überzeugung, und genau durch diese tiefste, innere Überzeugung gewinnt er das Vertrauen des Kunden. Der spontane Regelverstoß und die darin steckende Ehrlichkeit machen ihn glaubwürdig und authentisch. Der Kunde erkennt, dass der Verkäufer wirklich an ihn denkt, und sagt sich: »Der hat mir richtig geholfen, dem glaube ich, und wenn er mir etwas anderes empfiehlt, dann kaufe ich das.« Das heißt, jeder Verkäufer muss angepasst an seinen Persönlichkeitstyp seinen individuellen Stil entwickeln, mit dem er seine Kunden begeistert.

> **Regeln**
>
> Erfolgreiche Verkäufer verstoßen durchaus gegen Verkaufs-regeln, wenn diese nicht zu ihnen passen oder für den Kunden und/oder für die Verkaufssituation unpassend sind. – »Der Meister zerbricht die Form.« – Erfolgreiche Verkäufer haben ihren eigenen, unverwechselbaren Stil.

Empathie hilft – aber nicht ohne Authentizität

Was, glauben Sie, ist wichtiger: große empathische Fähigkeiten des Verkäufers oder die Fähigkeit, bei sich selbst zu bleiben und authentisch zu sein? Ganz klar, authentisch zu sein. Die Einfüh-lungsfähigkeit in den Kunden ist zwar wichtig und zeichnet erfolg-reiche Verkäufer aus. (Wir gehen auf dieses Thema ausführlich im Kapitel »Wahrnehmung des Kunden« ein.) Aber Einfühlungsvermö-gen nutzt Ihnen kein bisschen, wenn Sie nicht authentisch sind. Sie wirken unglaubwürdig, wenn Sie sich zu stark auf den Kunden ein-stellen und versuchen, seine Gefühlslage zu erforschen, um sich an ihn anzupassen. Das mindert sogar Ihren Erfolg. Es muss eine glaubhafte Interaktion bleiben. Bleiben Sie bei sich, und wenn Sie dann noch empathisch auf den Kunden eingehen können, sind Sie der Beste. Es ist gut, wenn Sie emphatisch wahrnehmen, was beim Kunden läuft, und es dann sinnvoll mit Ihrer inneren Überzeugung und Stimmungslage verknüpfen. Es macht aber keinen Sinn, die Meinung des Kunden entgegen Ihren eigenen Standpunkten zu übernehmen, also die eigene Überzeugung zu verraten. Sie wären dann nicht mehr authentisch und verhielten sich wie ein Blatt im Wind. So etwas produziert Misserfolge.

Verkaufen aus Überzeugung

Wenn das, was Sie anzubieten haben und Ihren Überzeugungen und Ihrer geschäftlichen Situation entspricht, nicht zu dem passt, was der Kunde haben möchte, dann passt es eben nicht. Warum sollte dann ein Verkauf zustande kommen?

Hans hat sich einmal eine Lederjacke gekauft. Gleich im ersten Geschäft fand er eine, die 1200 Euro kosten sollte. Sie stand ihm sehr gut, war aber aus seiner Sicht viel zu teuer. So viel Geld wollte er nicht ausgeben. Der Verkäufer half ihm in die Jacke und sagte vollkommen authentisch: »Die steht Ihnen aber sehr gut.« Hans zog sie wieder aus und sagte: »Ich muss noch mal schauen. Sie ist mir zu teuer.« Daraufhin der Verkäufer: »Gönnen Sie sich was. Sie steht Ihnen wirklich ausgezeichnet. Ich kann sie Ihnen nur empfehlen. Sie passt zu Ihnen besonders gut.« Hans verließ das Geschäft, ohne die Jacke zu kaufen, aber die Art und Weise, wie glaubhaft der Verkäufer diese Sätze gesagt hatte, wirkte nach. In den nächsten Geschäften probierte Hans weitere Lederjacken an, aber immer wieder tauchten diese Sätze in seinem Kopf auf. Die anderen Lederjacken waren dadurch nicht mehr so schön. Im Endeffekt ging er nach zwei Stunden erfolgloser Suche in das Geschäft mit der schönen Lederjacke zurück und kaufte die Jacke, obwohl sie doppelt so viel kostete, wie er ausgeben wollte.

Können und Ehrlichkeit

Es kommt darauf an, mit Können und Ehrlichkeit das Vertrauen Ihrer Kunden zu gewinnen. Dabei zählt nicht die große (meist durchschaubare) Show, sondern die Fähigkeit, schnell auf den Punkt zu kommen und dadurch Ihr Expertenwissen zu demonstrieren. Punkten Sie mit Ihrer Erfahrung und beraten Sie vorausschauend, dann fühlen sich die Kunden sicher.

Jan-Christoph (41) ist ein sehr erfolgreicher Spezialist für Kommunikationsdesign. Er wohnt am Südrand der Alpen in Italien, unterhält mit seiner Firma ein Büro in Turin und unterrichtet als

Professor für Design in Mailand. Davor war er für Sony in New York tätig. Zu seinen Kunden zählen einige der bekanntesten und erfolgreichsten Unternehmen im Multimediabereich. Wir sprachen mit ihm in Berlin, als er gerade an einer Studie für Kodak arbeitete.

Gerade auf diesem heiß umkämpften Multimediamarkt gibt es eine Fülle von Ideen, die sich theoretisch umsetzen ließen. Aber die Unternehmen stehen grundsätzlich vor der Frage, welche dieser Ideen sie tatsächlich umsetzen sollten. Nicht alles, was technisch machbar, neu und flippig erscheint, ist auch das, was Kunden nachher wollen. Zwar haben große Unternehmen ab einer Milliarde Dollar Jahresumsatz in der Regel eine eigene Forschungs- und Entwicklungsabteilung, aber wenn man rechtzeitig einen erfahrenen und seriösen Spezialisten wie Jan-Christoph heranzieht, lässt sich im Prozess der Produktentwicklung viel Geld sparen.

Wir fragten ihn unter anderem, wie er Kunden akquiriert. Er ist darin sehr erfolgreich. Worauf es ankommt, ist, dass die Firmen Vertrauen in seine Fähigkeiten bekommen. Dabei ist es natürlich hilfreich, wenn die Kunden bereits auf eine erfolgreiche Zusammenarbeit zurückblicken können. »Ein guter Kunde kauft zweimal.«

Aber das ist nicht alles. Jan-Christoph gewann schon Kunden in Situationen, wo er gar nicht damit rechnen konnte beziehungsweise darauf aus war. Also nicht nur nach einem Vortrag auf einem Kongress, sondern auch im Fahrstuhl oder in einer Bar, ohne Folien und Computer, wo man kurz und knapp sagen muss, was man kann. Dabei spielen seine persönliche Ausstrahlung und sein Auftreten eine wesentliche Rolle. Worauf es in solchen Situationen ankommt, ist die Argumentationsweise und die Persönlichkeit, die dadurch erkennbar wird. Gefragt ist nicht die große Show, sondern die Substanz, die dahintersteckt. Gefragt ist der persönliche Eindruck von Können *und* Ehrlichkeit.

Zu hohe Erwartungen zügeln – vorausschauend beraten

Die Firmen stecken oft in dem Dilemma, dass sie »die Katze im Sack« kaufen müssen. Lösungen für neue Produkte dürfen nicht gezeigt werden, sind oft fünf Jahre lang geheim. Der Designer kann also seine aktuellen Entwürfe, die er für andere Firmen gemacht hat, oft nicht zeigen. Aber seine Kunden können sich daran orientieren, welche Wege, Vorgehensweisen, Lösungsstrategien der Designer vorschlägt. Doch auch diese Services und Dienstleistungen sind nicht sofort für den Kunden erfahrbar. Das ist nicht nur für Jan-Christoph eine Gratwanderung. Einerseits muss er Wissen und Flexibilität demonstrieren, attraktive Methoden vorstellen, andererseits nicht zu akademisch auftreten. Er muss mit dem Kunden auch menschlich in Kontakt kommen. Er stimmt sich mit den Bedürfnissen des Kunden ab und zügelt frühzeitig zu hohe Erwartungen, indem er auf entsprechende Kosten hinweist. Er erläutert Kunden auch, warum bestimmte Details nicht unbedingt notwendig sind, zum Beispiel Interviewtranskripte bei Marktstudien. So etwas wirkt vertrauensbildend.

Authentizität schafft Vertrauen

Authentizität löst beim Kunden Vertrauen aus und signalisiert ihm mehr Kontrolle über die Situation. Der Verkäufer wird zum Leuchtturm. Er gibt dem Kunden Orientierung in der Verkaufssituation, und das löst ein gutes Gefühl aus. Der Kunde fühlt sich sicher und ist eher gewillt zu kaufen. Niemand kauft, wenn er ein schlechtes Gefühl dabei hat. Wir kaufen nur mit einem guten Gefühl.

Die Stressreaktion

Umgekehrt lösen Unehrlichkeit, Manipulation, Orientierungsmangel oder Orientierungsverlust beim Kunden Vorsicht und Misstrauen aus. Der Kunde gerät in Stress, und das ist kein gutes Gefühl. Die Stressreaktion ist eine Flucht- oder Kampfreaktion, die zwangsläufig nicht zu einem Kauf führt.

Kampfreaktion bedeutet, dass der Kunde Einwände vorbringt, sich vielleicht mit Ihnen in Diskussionen verstrickt. Stress kann auch bei Ihnen entstehen, wenn Sie Einwände vom Kunden erhalten, die Sie unbedingt entkräften wollen und dabei den Kundenwunsch nicht ernst ;nehmen. Wenn Sie ihm beweisen wollen, dass Sie mit Ihrer Sichtweise Recht haben, schlagen möglicherweise sogar die Emotionen hoch.

Fluchtreaktion bedeutet, dass der Kunde »Danke schön, ich melde mich wieder« sagt und geht. Können Sie aber durch Ihre authentische Haltung Vertrauen herstellen, öffnet sich der Kunde. Das führt zu mehr Interesse, Nachfragen, Zustimmung und schließlich zum Kauf.

Die Stressreaktion ist eine stammesgeschichtliche Hypothek, die wir mit uns herumschleppen. Sie hat den Vorfahren der Menschheit das Überleben gesichert und kann uns auch heute noch in extremen Gefahrensituationen nützliche Dienste leisten. Im Verkauf ist sie denkbar störend. Die Stressreaktion wurde von ihrem Entdecker Hans Selye[10] auch als Notfall- oder Alarmreaktion bezeichnet. Sie dient der Gefahrenabwehr und dem Überleben, indem sie den Organismus in einen entsprechenden Notfallzustand versetzt. Signalisiert das Gehirn aufgrund eintreffender Signale »Achtung! Gefahr!«, wird über verschiedene Zentren des Gehirns das adrenerge Nervensystem aktiviert, es wird Adrenalin ausgeschüttet. Alle anderen, zum unmittelbaren Überleben nicht notwendigen Funktionen werden dagegen unterdrückt. Dazu zählen die Verdauung, Sinnesempfindungen wie Sexualität, Schmecken, Riechen, Hören und Sehen in ihrer lustvollen und ästhetischen Qualität, aber auch differenziertes und sorgfältiges Denken. Gefragt ist alles, was der unmittelbaren körperlichen Leistungssteigerung dient. Deswegen ziehen sich die Blutgefäße zusammen, werden Herz-, Atemfrequenz und Blutdruck erhöht, um die Skelettmuskulatur maximal mit Blut und Sauerstoff zu versorgen. Um für mögliche bevorstehende Verletzungen optimal vorbereitet zu sein, erhöht sich auch der Gerinnungsfaktor des Blutes.

Stress

Die Stressreaktion ist ein wirklich faszinierender reflexartiger biochemischer Mechanismus, der perfekt darauf zugeschnitten ist, dem Gegenüber an die Gurgel zu gehen oder so schnell wie möglich Reißaus zu nehmen. Sie wollen als Verkäufer Ihre Kunden nicht in diesen Zustand bringen. Und: Auch wenn Sie in diesem Zustand sind, merkt das der Kunde. Im Kampf hat noch niemand etwas gekauft.

Stehen Sie zu Ihren Fehlern

Menschlich sein heißt auch, nicht perfekt zu sein. Wir alle haben unsere kleineren oder größeren Unvollkommenheiten und nennen diese manchmal Fehler. Es macht Menschen in der Regel sympathisch, wenn sie ihre kleineren Unvollkommenheiten nicht verstecken, sondern zu ihnen stehen, zum Beispiel zum Lokalkolorit der eigenen Aussprache. Es würde gar nicht funktionieren, wenn ein Bayer versuchte, im Verkauf akzentfrei zu sprechen. Außerdem kann niemand einen Menschen leiden, der seine vermeintliche Vollkommenheit wie ein Aushängeschild vor sich herträgt. Das wirkt unfair und verlogen.

Selbstversuch

Seitdem wir uns mit dem Vorhaben beschäftigten, dieses Buch zu schreiben, arbeiteten wir noch einmal intensiv an unserer eigenen Authentizität. Wir haben uns dabei gegenseitig unterstützt. Hans hat seinen Umsatz in diesem Jahr um mehr als 100 Prozent gesteigert und auch bei der Neukundengewinnung eine Verdopplung erreicht. Dabei trat er den Kunden noch stärker mit einer gewissen Gelassenheit gegenüber, konnte authentischer und aus dem Herzen heraus vermitteln: Ich habe hier etwas wirklich Gutes, von dem ich glaube, dass es zu Ihnen passt. Bitte entscheiden Sie, ob es zu Ihnen passt oder nicht. Ich würde mich freuen, wenn wir zusammenarbeiten. Wenn nicht, ist es auch in Ordnung. Ein Kollege, der ihn bei einem Neukundengespräch begleitete, sagte ihm: »Hans, Du hast auch nicht viel mehr gesagt als früher, aber irgendwie fließt eine bestimmte Energie von Dir zum Kunden. Der Kunde schöpft Vertrauen und kauft.«

Auch Göran hat seinen Umsatz mindestens verdoppelt. Er hat schon seit längerem festgestellt, dass es gut für ihn ist, wenn er seiner inneren Wahrheit folgt und auch Tätigkeitsfelder aufgibt, wenn er merkt, dass sie für ihn einfach nicht mehr stimmig oder interessant sind. Er hat gelernt, entsprechende Signale, dass er etwas verändern sollte, ernst zu nehmen. Signale können zum Beispiel sein, dass er keine Lust mehr hat, das zu tun, was er tut, dass die

Rahmenbedingungen plötzlich nicht mehr stimmen, dass Kunden ausbleiben, dass unerklärliche Konflikte mit bestimmten Personen im beruflichen Umfeld auftreten. Wenn er dem folgt und diese Hinweise nicht ignoriert, öffnen sich regelmäßig auch wieder neue Türen, die ihm eine persönliche Weiterentwicklung und neue Verdienstmöglichkeiten ermöglichen. Es ist für ihn keine Tragödie, wenn er etwas aufgibt. In der Rückschau macht es sogar häufig sehr viel Sinn. Das macht ihn authentisch und zufrieden.

Authentizität in Bewerbungssituationen

Bewerbungen auf eine Arbeitsstelle sind eine spezielle Art von Verkaufsgesprächen. Man verkauft sich in dem Fall gewissermaßen selbst. Wolfgang (38) hat sich als Psychologe auf eine ausgeschriebene Stelle an einer Klinik beworben. Er las die Annonce in der *Zeit* und war wie elektrisiert, weil die Klinik in der Nähe seiner Geburtsstadt lag. Er hing sehr an dieser Gegend, allerdings war es mit dem Auto eine Fahrt von anderthalb Stunden dorthin. Trotzdem rief er an, um sich nach den Konditionen für die Stelle zu erkundigen. Es stellte sich heraus, dass die Stelle eigentlich gar nicht für ihn in Frage kam. Man wollte einen ausgebildeten Verhaltenstherapeuten haben, mit mehrjähriger Berufserfahrung im klinischen Bereich. Wolfgang hatte zwar Fortbildungen in Verhaltenstherapie gemacht, aber keine abgeschlossene Ausbildung. Und er war Wissenschaftler an der Uni gewesen und hatte noch nie in einer Klinik gearbeitet. Man sagte ihm: »Na ja, schicken Sie trotzdem mal Ihre Unterlagen, und wir melden uns dann bei Ihnen.«

Er hatte kaum den Telefonhörer aufgelegt, da merkte er: »Nein, ich will eigentlich wissen, ob die Klinik was für *mich* ist, ob *ich* mir vorstellen kann, dort zu arbeiten.« Er nahm diesen Impuls ernst und setzte sich ins Auto, um die anderthalb Stunden dorthin zu fahren. Als er in die Nähe seiner Geburtsstadt kam, musste er rechts ranfahren und anhalten, weil ihn seine Gefühle überwältigten. Er kam völlig unangemeldet in der Klinik an und klopfte an die Tür des Abteilungsleiters. Der war etwas verdutzt und sagte, jetzt hätte er keine Zeit, aber in einer Stunde könnte er mit ihm sprechen.

Wolfgang schaute sich inzwischen die Klinik und die herrliche Umgebung an. Die Klinik lag mitten in einem Wald, direkt am Ufer eines langgestreckten kristallklaren Sees, in dem er als Kind oft gebadet hatte. Nachdem die Stunde um war, kam er zurück und sprach mit dem Abteilungsleiter. Zwar wollte eigentlich Wolfgang Fragen stellen, aber er kam gar nicht dazu, denn der Abteilungsleiter fragte ihn aus. Dann holte er den Geschäftsführer der Klinik dazu. Wolfgang erzählte ihnen, dass er aus der Gegend stamme und überlege, sich dort wieder niederzulassen. Am Ende des Gesprächs gab ihm der Geschäftsführer per Handschlag die Stelle, ohne irgendwelche Bewerbungsunterlagen von ihm gesehen zu haben.

Die Entscheidung fiel einfach aufgrund der Energie, mit der er dort in der Klinik ankam. Er kam nicht unterwürfig »Ach bitte, wollen Sie mich vielleicht einstellen?«, sondern er kam interessiert, motiviert und selbstbewusst, aber nicht arrogant mit der Botschaft an: »Ich habe großes Interesse an der Stelle und an der Landschaft, und ich würde mir gerne die Klinik anschauen, ob das etwas für mich ist.« Und offensichtlich hat seine Ausstrahlung überzeugt.

Gerade in Bewerbungssituationen hat man überhaupt nichts davon, wenn man sich verstellt, denn dann bekommt man Stellen, die nicht zu einem passen. Nur wenn man so auftritt, wie man tatsächlich ist und wie man auch arbeiten möchte, bekommt man auch die Stellen, die zu einem passen.

Genauso ist es im Verkauf, wenn man sich nicht verstellt und sich so gibt, wie man ist, dann kriegt man auch die Kunden, die zu einem passen. Das sind dann die wertvollen und vor allem auch die dauerhaften Kunden.

Perspektiven

Authentisch zu sein heißt nicht, mit Ellenbogenmentalität durchs Leben zu gehen und auf andere keine Rücksicht zu nehmen. Authentisch zu sein bedeutet nur, echt zu sein und sich nicht zu verstellen, wirklich zu meinen, was man sagt. Das können manchmal auch unangenehme Dinge sein. Wenn dabei herauskommen sollte, dass Sie ein authentisches »Arschloch« sind, dann müssen Sie vielleicht noch zusätzlich an Ihrer »Arschloch-Seite« arbeiten, um ein sozialverträgliches Wesen zu werden. Aber ehrlich gesagt glauben wir nicht, dass dies dabei herauskommen könnte, wenn Sie wirklich authentisch sind. Denn wie gesagt: Wenn Sie sich als Verkäufer menschlich zeigen mit Ihren Stärken und Schwächen, Ihren Ecken und Kanten, in Ihrer ganzen Gefühlsbreite, dann sollten Sie auch dazu in der Lage sein, mit Ihren Kunden mitzuschwingen, Kompromisse auszuhandeln und mit Augenmaß Grenzen zu setzen und dadurch zum Verkaufserfolg zu kommen. Das ist die langfristige Perspektive Ihrer Entwicklung zum authentischen Verkäufer.

Es kann allerdings sein, dass sich kurzfristig unerfreuliche Erkenntnisse und Gefühle in Ihnen melden, wenn Sie Ihre gewohnheitsmäßige, autoritäre oder konformistische »Verkaufsmaske« fallen lassen. Denn hinter dieser Verkaufsmaske aus Wohlerzogenheit und »Normalität« hat sich möglicherweise sehr viel Frustration und Ärger, manchmal vielleicht sogar Verachtung und Hass angesammelt. Sie können das einmal für sich selbst überprüfen, indem Sie in Form eines Brainstorming aufschreiben, was Sie für sich befürchten, falls Sie Ihre Maske im Alltag fallen lassen würden. Befürchten Sie vielleicht, den ganzen Kram hinzuwerfen oder Ihren Kunden zu sagen, dass sie geizig sind? Würden Sie laut ausrufen: »Ihr könnt mich alle mal!«?

Sie brauchen keine Angst zu haben, niemand wird Sie darauf festnageln. Es sieht ja auch keiner, was Sie da aufschreiben. Die Übung dient nur dazu, Ihnen selbst ein Gefühl dafür zu vermitteln (wenn Sie es nicht schon haben), dass es da noch eine andere Wirklichkeit in Ihnen gibt, die Sie nicht ausleben. So beunruhigend diese andere Wirklichkeit für Sie im Moment auch sein mag, in ihr liegt ein großer Schatz, den Sie für sich nutzbar machen können. Denn hinter Ihrer Maske steckt nicht nur die eine oder andere vielleicht von Ihnen negativ bewertete Eigenschaft, sondern *Sie*, Ihre Einmaligkeit, das, was nur Sie bieten können – wenn Sie es zulassen. Mehr dazu finden Sie im vierten bis sechsten Kapitel dieses Buches.

☞ Schreiben Sie zwei Minuten lang spontan und ohne langes Nachdenken auf, was Ihnen zu dem folgenden Satz einfällt: »Wenn ich im Alltag meine Verkaufsmaske fallen lassen würde, dann würde ich ...«

☞ Wo stehen Sie mit Ihrer Authentizität? Nutzen Sie dazu die Checkliste 1 »Selbstcheck Authentizität im Verkauf« im Anhang. Sie können nach Durcharbeiten dieses Buches den Selbstcheck noch einmal ausführen und Ihre Veränderung überprüfen.

☞ Wie können Sie Ihre Authentizität stärken? Zum Beispiel: nicht rauspoltern, auch mal nein sagen, ehrlich sagen, was nicht passt, und so weiter. Schreiben Sie es auf.

☞ Formulieren Sie vor einem Verkaufsgespräch Gesprächsziele. Beobachten Sie sich dann während des Gesprächs: wie Sie sich verhalten und wie Sie sich fühlen. Anschließend folgt die Analyse. Schätzen Sie sich selbst ein: wie gut Sie Ihre Gesprächsziele erreicht haben und wie authentisch Sie sich verhalten haben. Machen Sie sich dazu Notizen. Diese Übung soll Ihnen nur einen ersten Eindruck verschaffen, es folgen noch viele andere zu detaillierteren Fragestellungen.

☞ Beschreiben Sie drei Verkaufssituationen, in denen Sie sich treu geblieben sind!

Zusammenfassung

Authentizität bedeutet, so zu sein, wie man ist, und keine Show, kein (durchschaubares) Theater mit allerhand rhetorischen Tricks und Kniffen zu spielen. Wer sich so verhält, wie es seinen ureigensten Impulsen entspricht, und seine Individualität lebt, wirkt echt und erzeugt Vertrauen. Das gilt erst recht im Verkauf. Kunden sind geradezu dankbar für jedes Anzeichen, dass sie es mit einem echten und bodenständigen Verkäufer zu tun haben und nicht mit einem Scharlatan, der ihnen irgendwas vorflunkert. Es besteht eine verbreitete und unerfüllte Sehnsucht nach Echtheit und Glaubwürdigkeit. Wenn Sie die erfüllen, haben Sie einen Marktvorteil.

Diesen Vorteil können sie noch toppen durch wirkliches Expertenwissen, Können, vorausschauende Beratung, engagiertes Eingehen auf Kundenbedürfnisse und Zuverlässigkeit. Auch dies sind Merkmale authentischen Verkaufens, denn damit beweisen Sie, dass Sie Ihre Rolle als Verkäufer ernst nehmen.

Zeigen Sie sich als Mensch, der zu einem anderen Menschen, nämlich dem Kunden, wohlwollend in Kontakt tritt. Leben Sie Ihre eigene Wahrheit, verwirklichen Sie sich selbst, dann macht Ihnen Ihre Arbeit auch Spaß und Sie können die Kunden begeistern. Pressen Sie Ihr Leben nicht in vorgegebene Laufbahnen, halten sie sich Optionen offen. Das macht frei. Begreifen Sie sich selbst und Ihre Kunden als Menschen auf ihrem jeweils eigenen Lebensweg, die sich weiter entwickeln. Wenn sie sich darüber austauschen und eine Art »Co-Evolution« versuchen, kann das außerordentlich langfristige, vertrauensvolle und vor allem befriedigende Kundenbeziehungen generieren.

Scheuen Sie sich nicht zu polarisieren; da kommen Sie nicht drumherum, wenn Sie authentisch sein wollen. Es bringt Ihnen aber ein Plus an Kunden, die Ihre Echtheit und Unverwechselbarkeit schätzen und Ihnen gerade deswegen vertrauen. Dabei können Sie auch getrost gegen sogenannte Verkaufsregeln verstoßen.

Unsere *zentrale Botschaft* lautet: Sie müssen als Verkäufer eigentlich nicht viel über die Psyche des Kunden wissen, wenn Sie mit sich selber im Reinen sind und authentisch bei sich selbst bleiben. Es geht nicht darum, mit rhetorischen Manipulationen den

Kunden zu bearbeiten und ihn so zum Kauf zu bewegen. Sondern Sie müssen an sich selbst, Ihren Ängsten und Ihren Erfolgsverhinderungsmustern arbeiten. Der Erfolg kommt dann von allein. Er ist dann ein Resultat Ihrer Arbeit an sich selbst. Als Beweis dienen die vielen erfolgreichen Verkäufer, die wir kennengelernt haben. Sie sind erfolgreich, obwohl sie sich als Menschen grundlegend voneinander unterscheiden.

Sie können das auch! Arbeiten Sie an Ihrer Authentizität. Wenn Sie authentisch verkaufen, werden die Kunden Sie lieben und der Erfolg kommt von selbst.

3
Wie wirkt Authentizität in der Kommunikation mit dem Kunden?

Nachdem wir nun darüber gesprochen haben, was Authentizität ausmacht und warum sie in der heutigen Welt immer wichtiger wird,
wollen wir Ihnen jetzt anhand ausgewählter wissenschaftlicher
Erkenntnisse verdeutlichen, wie Authentizität in der Kommunikation mit dem Kunden wirkt. Dazu stellen wir Ihnen eine groß angelegte Forschungsstudie vor, die untersuchte, durch welche Eigenschaften sich Spitzenverkäufer von relativ schwachen Verkäufern
unterscheiden. In dieser Studie stellte sich – kurz gesagt – heraus,
dass ein wesentlicher Faktor für den Verkaufserfolg das Vertrauen
ist, das der Käufer dem Verkäufer aufgrund authentischer Verhaltensweisen entgegenbringt. Mithin zeigen wir Ihnen hier, dass
Authentizität im Verkauf wirkt, und zwar positiv.

Als Zweites stellen wir Ihnen in diesem Kapitel wissenschaftliche
Erkenntnisse aus einem ganz anderen Forschungsgebiet vor, von
dem Sie vielleicht zunächst etwas überrascht sein werden, es hier zu
finden. Es handelt sich um die forensische Psychologie, also die
Gerichtspsychologie. Bekanntlich spielt vor Gericht die Glaubwürdigkeit eines Zeugen eine herausragende Rolle. Dabei geht es – lax
gesagt – stets um die Frage, ob man dem Zeugen das, was er sagt,
»abkaufen« kann oder nicht. Was macht also Glaubwürdigkeit vor
Gericht aus und wie zeigt sich Glaubwürdigkeit in der Kommunikation vor Gericht? Was kann man daraus für den Verkauf lernen?

Und drittens stellen wir Ihnen hier Forschungsergebnisse der
Neuropsychologie über sogenannte »Spiegelneurone« vor. Diese
Spiegelneurone sind Nervenzellen, die u. a. dafür verantwortlich
sind, dass wir uns in einen anderen Menschen hineinversetzen können, obwohl wir eigentlich nicht in seiner Haut stecken. Auch dies
hat gravierende Konsequenzen für unser Thema des authentischen
Verkaufens.

Authentisch verkaufen. Hans Vialon und Göran Hajek
Copyright © 2008 WILEY-VCH Verlag GmbH & Co. KGaA, Weinheim
ISBN: 978-3-527-50355-1

Letztlich geht es in allen drei Abschnitten darum, Ihnen zu zeigen, wodurch der Kunde spürt, dass Sie als Verkäufer unsicher sind oder sich verstellen, dass Sie eine Rolle spielen, die eben nicht echt ist. Er spürt das, zweifelt an Ihrer Glaubwürdigkeit als Verkäufer und kauft weniger.

Zugleich geben wir Ihnen damit auch wissenschaftlich begründete Hinweise, welches Verhalten förderlich oder schädlich für den Verkaufserfolg ist. Wie Sie Ihr eigenes Verhalten gegebenenfalls ändern können, darum geht es dann in den nächsten Kapiteln.

3.1 Was macht Sie zum Spitzenverkäufer?

>»Das ›Geheimnis‹ des Spitzenverkäufers ist das Vertrauen, welches der Kunde ihm entgegenbringt. Durch Ehrlichkeit und die Fähigkeit, eine persönliche Ebene mit dem Kunden aufzubauen, erreicht er den entscheidenden Erfolgsvorteil gegenüber seinen Kollegen.«
>
> *Studie der European School of Business Reutlingen*

Eine sehr interessante Studie[1] untersuchte, worin sich Spitzenverkäufer von verhältnismäßig schwachen Verkäufern unterscheiden. Diese Studie wurde an der European School of Business Reutlingen, einer der führenden staatlichen Business Schools in Deutschland, unter der Federführung von Prof. Schmäh durchgeführt. Dabei wurden 328 Verkäufer aus verschiedenen Branchen mit einem 83 Fragen umfassenden Fragenkatalog befragt. Es wurde auf eine breite Streuung der Branchen geachtet. Der Fokus lag auf den Charakterattributen, die nach Meinung der Verkäufer für den Verkaufserfolg entscheidend sind. Außerdem wurden die Verkäufer gebeten, sich selbst bezüglich ihrer Leistungsausprägungen und Charaktermerkmale einzuschätzen.

Interessant sind dabei nicht nur die Charaktereigenschaften, Sichtweisen und sonstigen Merkmale, in denen sich die Spitzenverkäufer von den eher schwachen Verkäufern unterscheiden. Bemerkenswerte Informationen liefern auch die zu vernachlässigenden Faktoren, also die Merkmale, in denen sie sich nicht nennenswert unterscheiden.

Als Maß für den Verkaufserfolg dienten einerseits das Ranking der Verkäufer in Bezug auf die Erreichung gesetzter Ziele innerhalb des jeweiligen Unternehmens, und andererseits die Selbsteinschätzung der Verkäufer im Vergleich zu ihren Kollegen. Als »Spitzenverkäufer« wurden die 131 Personen aus der Befragung definiert, die eine Zielerreichung von mehr als 100 % angaben. Als Vergleichsgruppe der »verhältnismäßig schwachen Verkäufer« wurden die 45 Personen definiert, die weniger als 85 % Zielerreichung aufwiesen.

Bei den folgenden Grafiken bildet die Abszisse (das ist die waagerechte Linie) die Zustimmung der Befragten zum jeweiligen Merkmal auf einer Skala von 1 bis 5 ab. Dabei ist Anfang und Ende der Skala häufig nicht mit dargestellt. Schaut man einmal auf die Faktoren für den persönlichen Verkaufserfolg, die alle 328 Befragten zusammengenommen in ihrer »objektiven« Wertigkeit einschätzten (also unabhängig davon, ob sie selbst diese Kriterien erfüllen; vgl. Abb. 3.1), so steht hier an erster Stelle die »Fähigkeit, eine persönliche Ebene zum Kunden aufzubauen«, gefolgt von »Spaß am Verkaufen«, »gute Produktkenntnis«, »Ehrgeiz und Leistungsanspruch«, »Selbstbewusstsein«, »Identifikation mit dem Produkt« und – an siebenter Stelle – »Ehrlichkeit«. Die »Rhetorischen Fähigkeiten« kommen erst an zehnter Stelle der insgesamt 17 Merkmale.

Splittet man die Gesamtgruppe der Befragten auf und vergleicht die Spitzenverkäufer mit den verhältnismäßig schwachen Verkäufern, so gibt es einige Kriterien, die die Spitzenverkäufer als deutlich wichtiger einschätzten (vgl. Abb. 3.2). Am größten ist die Differenz beim Merkmal »Ehrlichkeit«. Sie beträgt hier 0,41 Punkte auf der fünfstufigen Skala. Es gibt kein Merkmal, bei dem sich die beiden Gruppen in ihrer Bewertung stärker unterscheiden! Spitzenverkäufer sehen Ehrlichkeit als viel wichtiger für ihren Verkaufserfolg an als schwache Verkäufer.

Weitere hervorzuhebende Unterschiede zeigen sich bei »Spaß am Verkaufen« (Differenz 0,28 Punkte), der »Fähigkeit, eine persönliche Ebene zum Kunden aufzubauen« (Differenz 0,21 Punkte) und bei der »Identifikation mit dem Produkt«. Alle vier Merkmale – das

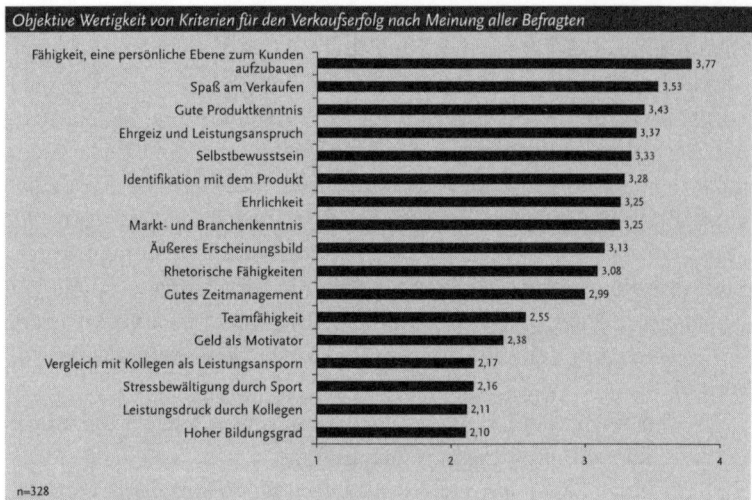

Abb. 3.1

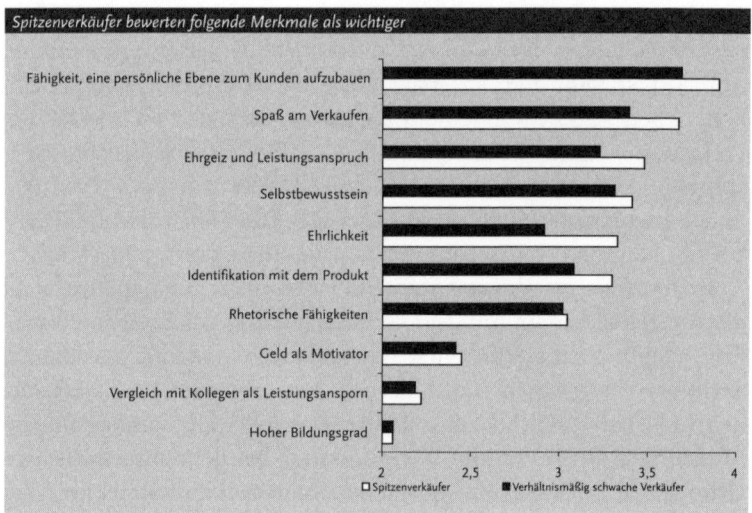

Abb. 3.2

haben Sie als Leser vielleicht schon bemerkt – sind Kernelemente authentischen Verhaltens im Verkauf bzw. sind Ausdruck von Authentizität. Erst danach kommt das Merkmal »Ehrgeiz und Leistungsanspruch«, aber auch dieses Merkmal schätzen die Spitzenverkäufer als wichtiger ein. Das macht Sinn. Es wäre verwunderlich, wenn motivationale Faktoren keine Rolle spielen würden.

Darüber hinaus gibt es auch einige Merkmale, die die schwachen Verkäufer als wichtiger für den Verkaufserfolg einschätzten als die Spitzenverkäufer (vgl. Abb. 3.3).

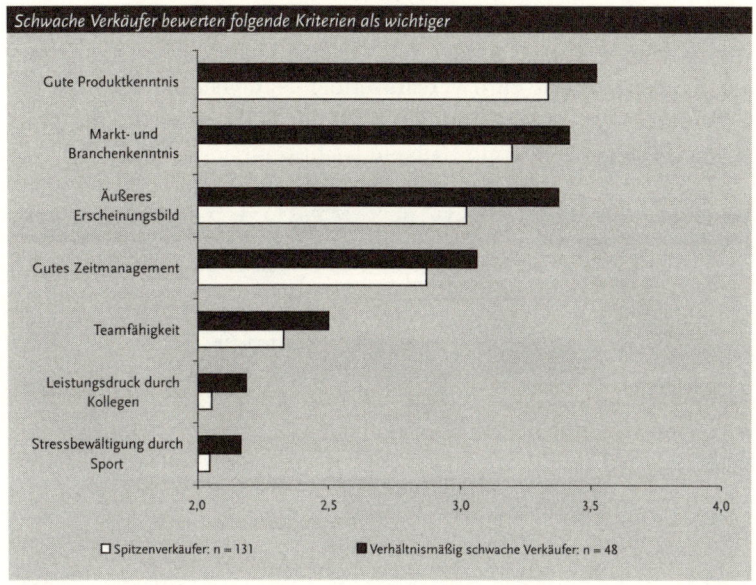

Abb. 3.3

Der größte Unterschied fand sich hier interessanterweise beim »äußeren Erscheinungsbild«. Die Differenz beträgt hier 0,35 Punkte. Schwache Verkäufer denken in viel größerem Maße als erfolgreiche Verkäufer, dass ihr äußeres Erscheinungsbild zum Verkaufserfolg beiträgt. Auch das macht Sinn und passt zu der Differenz in puncto Ehrlichkeit. Das äußere Erscheinungsbild betrifft nämlich die Fassade, die Verpackung oder – wie wir im nächsten Kapitel ausführlicher darlegen – die »Verkaufsmaske«, mit der der Verkäufer dem Kunden gegenübertritt. Wer diese Maske übermäßig hoch bewertet, dürfte spiegelbildlich authentisches Verhalten geringer schätzen. Ein direkter Vergleich der Differenzen in puncto Ehrlichkeit und äußerem Erscheinungsbild zeigt den Zusammenhang in denkbar eindeutiger Weise (Abb. 3.4).

Schwache Verkäufer heben auch die Merkmale »gute Produkt-kenntnis«, »Markt- und Branchenkenntnis« sowie »gutes Zeitma-nagement« deutlich stärker hervor als ihre erfolgreichen Berufskolle-gen. Die Differenzen betragen hier 0,19 bis 0,21 Punkte. Das heißt, sie bewerten Wissensaspekte und organisatorische Fragen höher in ihrer Bedeutung für den Verkaufserfolg.

Doch Vorsicht bei der Interpretation! Bei den eben genannten Daten wurde abstrakt danach gefragt, von welchen Eigenschaften die Befrag-ten glauben, dass sie zum Verkaufserfolg beitragen. Befragt man die Verkäufer etwas anders, nämlich nach der Selbsteinschätzung ihrer eigenen Fähigkeiten, ergibt sich ein leicht verändertes Bild.

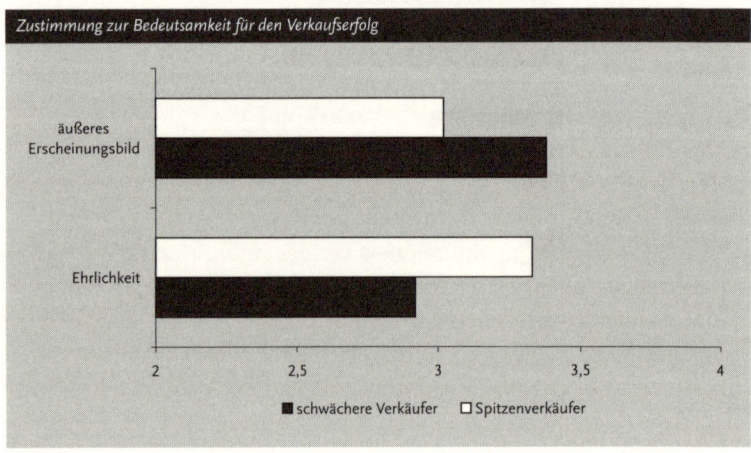

Abb. 3.4

Wenn Sie Abbildung 3.5 ansehen, dann stellen Sie fest, dass die Spitzenverkäufer diejenigen sind, die ihre Kenntnisse als besser ein-schätzen, und zwar um 8 %. Bei der Interpretation muss man also sehr genau auf die konkrete Fragestellung in der Untersuchung ach-ten. Wir interpretieren diese etwas widersprüchlich erscheinenden Ergebnisse so, dass die erfolgreichen Verkäufer generell leistungs-und wissensstärker sind und souveräner in der Verkaufssituation agieren als die schwachen Verkäufer. Wissensaspekte betrachten sie eher als Selbstverständlichkeit, die sie nicht so stark für den Ver-kaufserfolg thematisieren wie die schwächeren Verkäufer. Es handelt

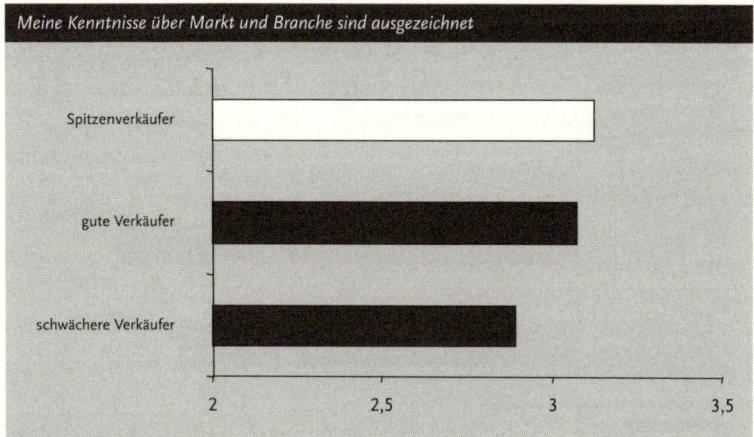

Spitzenverkäufer

gute Verkäufer

schwächere Verkäufer

2   2,5   3   3,5

Abb. 3.5

sich hier eher um so etwas wie die Baseline des Erfolgs. Den Ausschlag für die Differenzierung in Spitzenverkäufer und Schwächere bilden dann aber eben die oben angeführten Aspekte der Ehrlichkeit und des guten Kontaktes zum Kunden.

Das ist mit anderen Situationen vergleichbar, wenn Sie etwa an Bewerbungssituationen denken. Ein Bewerber auf eine Spitzenposition, der hier gesondert und als herausragend betont, dass er gute Fachkenntnisse hat und auch mit Microsoft Word umgehen kann, dürfte eher Misstrauen in seine Fähigkeiten auslösen. Diese Kenntnisse und Fähigkeiten sind für Spitzenpositionen eine Selbstverständlichkeit. Worum es ja eigentlich geht, ist, dass er darüber hinaus Fähigkeiten und Erfahrungen aufweist, die ihn gegenüber den Konkurrenten herausheben.

Wenn Sie aber im Umkehrschluss denken sollten, die Spitzenverkäufer betonen den Wert der Ehrlichkeit so viel mehr als die schwachen Verkäufer, weil sie eigentlich mogeln, liegen Sie falsch. Abbildung 3.6 zeigt, dass die Spitzenverkäufer sich auch selbst als ehrlicher einschätzen, und zwar um 9 %.

Nochmals zurück zur ersten Fragestellung, also der, welche Merkmale die Befragten als wichtig für den Verkaufserfolg erachten: In puncto »Teamfähigkeit«, »Leistungsdruck durch Kollegen« und »Stressbewältigung durch Sport« unterscheiden sich die schwachen Verkäufer von den erfolgreichen dahingehend, dass sie diese Merk-

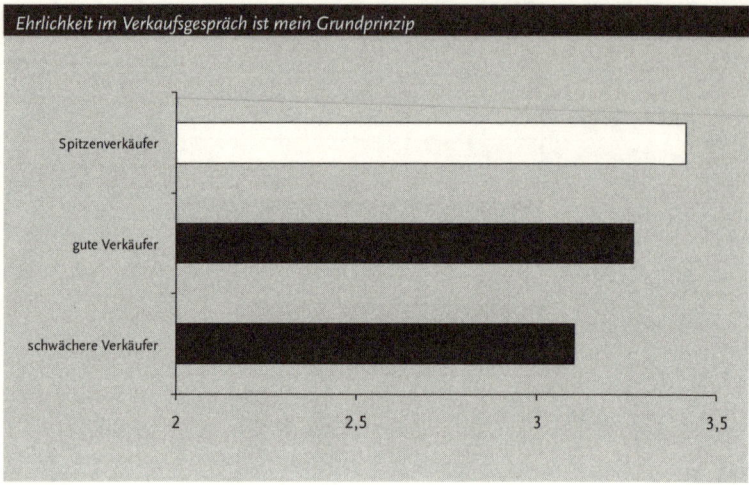

Abb. 3.6

male für wichtiger halten. Diese Kriterien sind jedoch insgesamt von geringerer Wichtigkeit in beiden Gruppen. Interessant für unser Thema Authentizität sind sie dennoch. Denn darin deutet sich eine größere Außenorientierung der schwächeren Verkäufer an. Für sie ist in Bezug auf ihren Verkaufserfolg wichtiger, was ihre Kollegen sagen und tun.

Alle anderen Unterschiede zwischen Spitzenverkäufern und schwachen Verkäufern sind marginal. Insbesondere im Hinblick auf die Wertschätzung rhetorischer Fähigkeiten und eines hohen Bildungsstandes für den Verkaufserfolg unterschieden sich die beiden Gruppen nicht. Geringe oder keine Unterschiede heißen allerdings nicht, dass die betreffenden Merkmale unwichtig seien. Sie bedeuten nur, dass diese Merkmale bei allen Verkäufern in ihrer Bedeutsamkeit gleich stark bewertet werden.

Zudem zeigt wiederum ein Blick auf die zweite Fragestellung, also die Frage nach der individuellen Ausprägung der Merkmale, dass die Spitzenverkäufer durchaus bessere verbale und rhetorische Fähigkeiten bei sich erkennen. Die Spitzenverkäufer schätzen sich hinsichtlich dieser Fähigkeiten um 12 % besser ein als die eher schwachen Verkäufer (vgl. Abbildung 3.7).

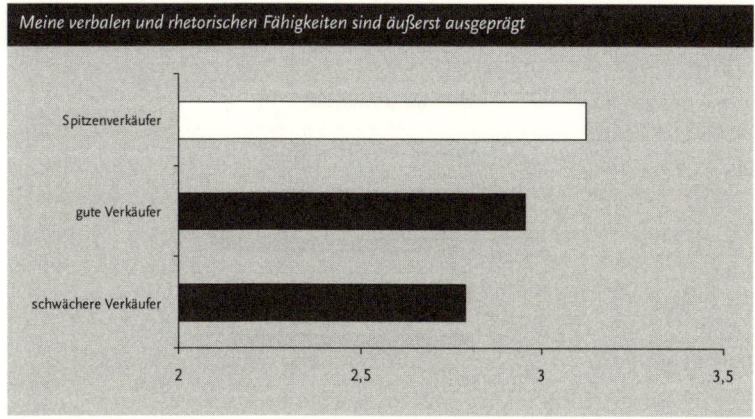

Abb. 3.7

Ein weiterer Aspekt, in dem sich die Spitzenverkäufer von den schwächeren Verkäufer abheben, ist ihre bessere Fähigkeit, sich auf unterschiedliche Kunden einzustellen (6 % höher). Jedoch wurde dieses Kriterium von beiden Gruppen als von insgesamt eher geringerer Bedeutung für den Verkaufserfolg eingestuft.

Persönlichkeitseigenschaften

Bei den Persönlichkeitseigenschaften (vgl. Abb. 3.8) schätzen sich Spitzenverkäufer als deutlich optimistischer ein (10 % höher) als ihre schwächeren Kollegen, sie empfinden den Kundenkontakt um 9 % angenehmer, schätzen sich um 6 % ehrgeiziger ein, aber interessanterweise um 7,5 % weniger diszipliniert als die schwachen Verkäufer. Am stärksten unterscheiden sich die Spitzenverkäufer von den schwachen Verkäufern in der Fähigkeit, mit dem Kunden eine persönliche Ebene aufbauen zu können (14,4 %).

Die Fähigkeit, mit dem Kunden eine persönliche Ebene aufzubauen, scheint bei den Persönlichkeitseigenschaften das wichtigste Kriterium für die Unterscheidung zwischen Spitzenverkäufern und eher schwachen Verkäufern zu sein. Denn einerseits ordnen die Spitzenverkäufer dieses in seiner Wichtigkeit für den Verkaufserfolg deutlich höher ein als die schwachen Verkäufer. Zum anderen

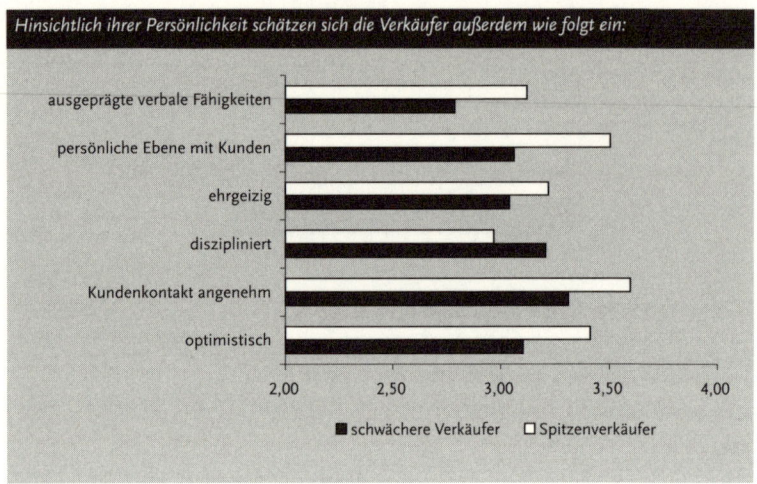

ausgeprägte verbale Fähigkeiten	
persönliche Ebene mit Kunden	
ehrgeizig	
diszipliniert	
Kundenkontakt angenehm	
optimistisch	

2,00   2,50   3,00   3,50   4,00

■ schwächere Verkäufer   □ Spitzenverkäufer

Abb. 3.8

bewerten sie auch ihre eigenen Fähigkeiten in diesem Merkmal als herausragend positiver als die schwachen Verkäufer. Als weiteres wichtiges Unterscheidungskriterium, das in beiden Fragestellungen von den Spitzenverkäufern höher bewertet wurde, ist Spaß am Verkaufen beziehungsweise angenehmes Erleben des Kundenkontaktes zu sehen. Und nicht zuletzt ist das schon weiter oben diskutierte Kriterium Ehrlichkeit ein wichtiges Unterscheidungsmerkmal.

Damit zeigen diese Daten auch, dass Authentizität von entscheidender Bedeutung für den Verkaufserfolg ist. Sie zeigen dies zum einen ganz direkt, denn Ehrlichkeit ist ein Merkmal von Authentizität. Sie zeigen dies aber auch indirekt, wenn man einmal hinterfragt, was dazu führt, dass der Verkäufer zum Kunden eine persönliche Ebene herstellen kann und Spaß am Verkaufen hat. Das Herstellen einer persönlichen Ebene zum Kunden hat viel mit Vertrauen und Authentizität zu tun. Wenn Sie authentisch sind, treten Sie automatisch auch als Person in Erscheinung und nicht als auswechselbarer Funktionsträger und können infolgedessen auch leichter in einen persönlichen Kontakt mit dem Kunden treten. Ebenso bedingen sich Authentizität und Spaß am Verkaufen gegenseitig. Wenn Sie am Verkaufen keinen Spaß haben, dann sind Sie im falschen Beruf, und es dürfte Ihnen schwerfallen, als Verkäufer authentisch zu wirken.

Umgekehrt haben Sie mehr Spaß am Verkaufen, wenn Sie sich nicht verstellen und sich so geben, wie Sie sind.

Verkaufsgeheimnisse

Fragt man die Verkäufer ganz direkt nach ihrem wichtigsten Verkaufsgeheimnis, so nannten die Spitzenverkäufer:

1. Ehrlichkeit
2. Herstellung eines Vertrauensverhältnisses zum Kunden
3. Persönliche Beziehung zum Kunden
4. Fähigkeit zum Zuhören

Bloß nicht!

Entsprechend nannten die Spitzenverkäufer auch als größte Fehler, die man im Verkauf machen kann:

1. Unehrlichkeit
2. Nicht-Zuhören
3. Selbstüberschätzung und Arroganz
4. Nichterkennen von Kundenwünschen
5. Mangelndes Selbstvertrauen

Identifikation mit dem Beruf

Spitzenverkäufer sind außerdem selbstbewusster (7 %) und identifizieren sich mehr mit dem Produkt (6 %), das sie verkaufen. Sie bezeichnen um 11 % stärker Verkaufen als ihren Traumjob und halten um 6 % stärker die Tätigkeit ihres Unternehmens und ihrer Vorgesetzten für ethisch korrekt. Unschwer sind auch hier Bezüge zu authentischem Verhalten erkennbar. Wer wenig selbstbewusst auftritt und sich mit dem verkauften Produkt und seiner Tätigkeit nicht identifiziert, ja selbst Zweifel am ethischen Verhalten seines Unternehmens hat, wirkt schnell unglaubwürdig und irgendwie fehl am

Platze. Wenn Sie sich also selbst fragen, warum Sie vielleicht nicht so erfolgreich als Verkäufer sind, wie Sie es gerne wären, dann sollten Sie auch unbedingt Ihre Berufsmotivation und Einstellung zu Ihrem Unternehmen und den verkauften Produkten kritisch unter die Lupe nehmen. Wir gehen darauf im folgenden Kapitel noch ausführlicher ein (Selbstcheck Berufsmotivation).

Eine gute Produktkenntnis wird von allen Verkäufern als Basis genannt. Spitzenverkäufer unterscheiden sich aber von ihren schwächeren Kollegen durch eine gute beziehungsweise bessere Branchenkenntnis. Die Autoren der Studie formulieren pointiert: »Gute Verkäufer kennen ihr Produkt – Spitzenverkäufer auch ihre Branche.« Außerdem können Spitzenverkäufer besser den Nutzen des Produkts für den Kunden kommunizieren. Sie können sich auch besser in den Kunden hineindenken.

> Spitzenverkäufer sind Siegertypen. Sie sind optimistischer, treten selbstbewusster und extravertierter auf, allerdings ohne arrogant zu wirken. Sie stehen hinter ihren Produkten. Nicht zuletzt haben sie Spaß an ihrem Beruf.

Zusammenfassung

Die groß angelegte Verkäuferstudie der European School of Business Reutlingen zeigt, dass Authentizität von entscheidender Bedeutung für den Verkaufserfolg ist. Sie bestätigt damit unsere Kernaussagen aus dem vorangegangenen Kapitel. Spitzenverkäufer sind in der Lage, mit dem Kunden eine persönliche Ebene aufzubauen und empfinden den Kundenkontakt als angenehmer. Sie sind ehrlicher, optimistischer, haben mehr Spaß am Verkaufen und identifizieren sich stärker mit ihrem Produkt. Sie sehen ihre Tätigkeit eher als ihren Traumjob an und halten die Tätigkeit ihres Unternehmens und ihrer Vorgesetzten stärker für ethisch korrekt. Das heißt, sie identifizieren sich stärker mit ihrem Beruf. Spitzenverkäufer sind selbstbewusste Siegertypen, die ehrgeiziger sind als ihre schwächeren Kollegen, aber interessanterweise weniger diszipliniert (!). Sie machen offensichtlich mehr das, was sie wollen, sind individualistischer. Sie können aber auch über den Tellerrand hinaussehen und kennen ihre Branche besser. Hinzu kommt: Sie sind sich auch stärker bewusst, dass Ehrlichkeit, die Herstellung eines Vertrauensverhältnisses und einer persönlichen Beziehung zum Kunden sowie die Fähigkeit zum Zuhören die Kerntugenden eines erfolgreichen Verkäufers sind.

3.2 Glaubhaftigkeit

Authentizität ist relativ

Wechseln wir den Fokus. Wenn wir hier von Authentizität reden, meinen wir damit keine absolute Eigenschaft. Es gibt nicht *den* authentischen Menschen. Genauso wenig gibt es *den* völlig fassadenhaften, unechten Menschen. Wir jedenfalls kennen nur Menschen, die wir als mehr oder weniger authentisch bezeichnen würden. Genau genommen stimmt auch das nicht so richtig. Dieselben Menschen verhalten sich in verschiedenen Situationen unterschiedlich authentisch. Das haben Sie sicherlich selbst schon erlebt. Menschen können irgendeine oberflächliche Rolle spielen, zum Beispiel mit aalglatter gekünstelter Stimme im Callcenter arbeiten. Aber nach Feierabend können sie durchaus ein sehr liebevoller und verständnisvoller Partner sein. Das schließt sich nicht aus, wenngleich vorstellbar ist, dass die gekünstelte Rolle irgendwann auch auf die Partnerschaft durchschlägt.

Worum es hier aber geht, ist der Ausbau des authentischen Anteils von Verhaltensweisen gerade im beruflichen Kontext, also im Verkauf. Dies wird Ihnen umso leichter fallen, je mehr Sie auch privat authentisch sind. Wir kennen jedoch niemanden, uns selbst eingeschlossen, der immer authentisch wäre.

Auch Glaubwürdigkeit ist relativ

Ein Schlüsselkriterium von Authentizität ist das der Glaubwürdigkeit. Wirkt der Verkäufer auf mich glaubwürdig oder nicht? Wirkt er echt oder spielt er eine unglaubwürdige Rolle? Nun, was macht Glaubwürdigkeit aus? Es ist außerordentlich spannend, zur Beantwortung dieser Frage einmal auf ein ganz anderes Fachgebiet zu schauen, in dem das Thema der Glaubwürdigkeit häufig von zentraler Bedeutung und deswegen auch wissenschaftlich sehr gut untersucht ist, nämlich das der Rechtspsychologie oder auch Forensischen Psychologie.

Vor Gericht ist in Fällen, in denen der Geschädigte gleichzeitig der wichtigste Zeuge ist (oder sogar gar keine anderen Zeugen vorhanden sind), die Frage der Glaubwürdigkeit des Zeugen von zentraler Bedeutung. Dabei hat sich interessanterweise in der fachlichen Diskussion herausgeschält, dass es so etwas wie eine allgemeine oder absolute Glaub*würdigkeit* eines Zeugen nicht gibt. Was sich vielmehr wissenschaftlich begutachten lässt, ist die Glaub*haftigkeit* von einzelnen Aussagen, die ein Zeuge gemacht hat. Der Fokus der Betrachtung verlagerte sich also von vermeintlichen fixen Persönlichkeitseigenschaften hin zu situativ variablen Verhaltensweisen. Das ist eine auffallende Parallele zu dem, was wir eben in Bezug auf die Authentizität festgestellt haben.

> Authentizität ist keine fixe Eigenschaft von Menschen, sondern wir verhalten uns je nach Situation mal mehr und mal weniger authentisch. Analog gibt es keine Persönlichkeitseigenschaft »Glaubwürdigkeit«, sondern nur mehr oder weniger glaubhafte Aussagen von Menschen.

Realkennzeichen

Was macht die Glaubhaftigkeit von Aussagen vor Gericht aus? Dazu gibt es eine umfangreiche Forschungsliteratur. Ein in weiten Forschungskreisen geteiltes Kriterium ist das der sogenannten Realkennzeichen von Aussagen nach Steller und Köhnken[2], die wir hier vorstellen wollen. Man unterscheidet dabei allgemeine und verschiedene inhaltliche Merkmale (siehe Kasten am Ende des Abschnitts).

Allgemeine Merkmale betreffen die logische Konsistenz und die Darstellungsweise, also etwa die Abfolge der zu schildernden Geschehnisse und den Detailreichtum.

Es versteht sich, dass eine Aussage logisch widerspruchsfrei sein sollte, um glaubhaft zu wirken. Und dies betrifft auch die logische Widerspruchsfreiheit über die Zeit hinweg. Wenn Sie dem Kunden beim ersten Termin etwas vorflunkern und beim nächsten Mal eine andere Geschichte auftischen, wird er misstrauisch und springt ab. Schon von daher empfiehlt es sich, bei der Wahrheit zu bleiben. Wenn Sie die Wahrheit sagen, brauchen Sie sich Ihre Lügen nicht zu merken. Nicht nur Bill Clinton hatte damit Probleme und sich beinahe um Kopf und Kragen geredet.

Die Widerspruchsfreiheit Ihrer Äußerungen ist zwar notwendig, um glaubhaft zu wirken, reicht aber nicht aus. Typisch für eine wahrheitsgemäße Schilderung ist auch eine chronologisch unstrukturierte Darstellungsweise. Das heißt, dass die Aussage normalerweise nicht aalglatt und perfekt in der zeitlichen Abfolge erfolgt, sondern eher etwas sprunghaft in der Zeit vor- und zurückgeht. Sie haben vielleicht schon etwas geschildert, dann fällt Ihnen aber ein, was davor passiert ist und was Sie zu erwähnen vergaßen. So etwas wirkt glaubhaft – vor Gericht jedenfalls und im wirklichen Leben wohl auch. Würde der Zeuge vor Gericht dagegen eine perfekte Schilderung abliefern, entstünde der Eindruck, er habe sich das ausgedacht und auswendig gelernt.

Übertragen auf den Verkauf bedeutet das, dass Sie immer dann, wenn Sie eine Art auswendig gelerntes Skript herunterrattern, tendenziell unglaubhaft wirken. Viele Chefs in Callcentern aber glauben offenbar, dass die Kunden nicht merken, dass ihre Callcenter-Agenten nach vorgefertigten Skripts arbeiten. Sie täuschen sich gewaltig. Vor allem sind sie sich nicht des Verlusts an Glaubwürdigkeit bewusst, der daraus resultiert. Wenn Sie als Verkäufer dagegen etwas »chaotisch« in Ihrer Darstellung hin und her springen, wirken Sie glaubhafter. Aber auch das hat selbstverständlich seine natürlichen Grenzen.

Typisch für eine glaubhafte Darstellung ist auch ein gewisser quantitativer Detailreichtum. Es macht einen Unterschied, ob Sie nur sagen: »Das ist ein leistungsstarker Motor«, oder ob Sie die Aussagen mit konkreten erfahrungsgestützten Beispielen unterfüttern können, wie zum Beispiel: »Wenn Sie beim Überholen einmal merken sollten, dass es knapp wird, dann tippen Sie da mal kurz aufs Gaspedal und weg sind Sie.«

Aussagen wirken auch dadurch glaubhaft, dass sie spezielle inhaltliche Kategorien enthalten: Raum-zeitliche Verknüpfungen, Interaktionsschilderungen, die Wiedergabe von Gesprächen und die Schilderung von Komplikationen im Handlungsverlauf. Wenn wir etwas erlebt haben, dann können wir typischerweise nicht nur sagen, wann das war, sondern auch, wo das war. Mehr noch: Sie wissen auch, mit wem Sie das erlebt haben und was der andere dabei gemacht hat. Lassen Sie das meiste davon weg oder können es gar auf Nachfrage nicht benennen, dann machen Sie es Ihrem Zuhörer wirklich schwer, das Gesagte zu glauben. Das ist im Verkauf genauso. Besonders überzeugend wirken gewöhnlich auch Komplikationen und Details, die eigentlich nicht der Erwartung entsprechen (z. B. »Dann bat mich der Räuber, seine Pistole zu halten; ich griff danach, aber dann hatte er es sich anders überlegt und zog sich schnell zurück.«).

Die Wiedergabe von konkreten Interaktionen (wie eben geschildert: der andere hat dies oder jenes getan, dann habe ich das gemacht) oder Gesprächen macht Aussagen konkreter vorstellbar, weniger abstrakt und damit menschlicher. Grundsätzlich ist die Realität in der Regel vielfältiger und widersprüchlicher, als wir uns das in unserer Fantasie ausdenken können. Das betrifft auch die häufig unerwarteten Komplikationen bei Handlungen. Auf die Fehlermeldungen, die Ihr Computer generiert, wenn Sie unter Stress stehen und schnell noch ein Dokument ausdrucken wollen, würden Sie in Ihren kühnsten Träumen nicht kommen. Auch hier gilt also wieder für den Verkauf: Präsentieren Sie sich nicht aalglatt, sondern mit Ecken und Kanten. Unterfüttern Sie Ihre Aussagen mit konkreten persönlichen Erlebnissen, mit realen und eindrücklichen Kundenrückmeldungen, mit Beispielen, wie Sie auf Kundenwünsche eingegangen sind usw. Besonders positiv wirken immer selbst erlebte Erfolgsgeschichten.

Auch die Schilderung ausgefallener oder vermeintlich nebensächlicher Einzelheiten, von Details, die Sie selbst nicht verstehen, von psychischen Vorgängen, vielleicht auch Missverständnissen usw. machen Ihre Erzählung glaubhafter. Natürlich werden Sie hier sehr auf den Kontext und das richtige Maß achten müssen. Diese Dinge funktionieren nicht nach dem Prinzip »viel hilft viel«.

Glaubhaft macht eine Aussage vor Gericht auch, wenn Sie als Zuhörer den Eindruck bekommen, dass der Zeuge motiviert ist, eine möglichst wahrheitsgemäße Aussage zu machen. Dies ist in der Regel alles, was sie weniger perfekt und rund macht: spontane Verbesserungen der eigenen Aussage, das Eingeständnis von Erinnerungslücken, sogar Einwände gegen die Richtigkeit der eigenen Aussage (»Ich weiß, das klingt ein bisschen verrückt, aber ...«), Selbstbelastungen (»Ich habe etwas getan, was ich nicht hätte tun sollen, nämlich ...«) und Entlastungen des Angeschuldigten (z. B. »Das hat er sicher nicht böse gemeint.«).

Und schließlich gibt es sogenannte deliktspezifische Aussageelemente, die den geschulten Zuhörer wissen lassen, dass der Zeuge das Geschilderte erlebt hat. Wenn zum Beispiel ein fünfjähriges Mädchen über einen sexuellen Missbrauch berichtet und sagt: »Und dann hat er gesagt, ich darf davon niemandem erzählen, sonst komme ich in ein Kinderheim«, dann dürfte es sich das kaum ausgedacht haben. Die Drohung ist außerdem typisch für derartige Täter.

Alle diese Merkmale können Sie im Verkauf natürlich nicht beliebig und schon gar nicht schematisch übernehmen. Was davon passt, hängt nicht zuletzt auch von Ihrer Branche ab. Im Übrigen geht es uns hier auch gar nicht darum, dass Sie etwas bewusst übernehmen oder adaptieren sollen. Wir wollten Ihnen mit diesem kleinen Ausflug in die Gerichtspsychologie vielmehr verdeutlichen, was in der Verkaufsrhetorik nicht funktioniert. Wenn Sie dagegen authentisch und vor allem ehrlich auftreten, dann werden sich von ganz alleine einige der aufgezählten Elemente auf natürliche Weise in Ihr Verkaufsgespräch einfügen. »Selbstbelastung« könnte in einem authentischen Verkaufsgespräch zum Beispiel bedeuten, dass Sie Unvollkommenheiten oder Mängel eines Produkts einräumen. Ob das situativ angemessen ist, müssen Sie entscheiden.

Was macht eine Aussage glaubhaft? – Realkennzeichen[3]

Allgemeine Merkmale

- Logische Konsistenz
- Chronologisch unstrukturierte Darstellung
- Quantitativer Detailreichtum

Spezielle Inhalte

- Raum-zeitliche Verknüpfungen
- Interaktionsschilderungen
- Wiedergabe von Gesprächen
- Schilderung von Komplikationen im Handlungsverlauf

Inhaltliche Besonderheiten

- Schilderung ausgefallener Einzelheiten
- Schilderung nebensächlicher Einzelheiten
- Phänomengemäße Schilderung unverstandener Handlungselemente
- Indirekt handlungsbezogene Schilderungen
- Schilderung eigener psychischer Vorgänge
- Schilderung psychischer Vorgänge des Angeschuldigten

Motivationsbezogene Inhalte

- Spontane Verbesserungen der eigenen Aussage
- Eingeständnis von Erinnerungslücken
- Einwände gegen die Richtigkeit der eigenen Aussage
- Selbstbelastungen
- Entlastung des Angeschuldigten

Deliktspezifische Inhalte

- Deliktspezifische Aussageelemente

Zusammenfassung

Die Erkenntnisse der Glaubhaftigkeitsforschung im Rahmen der Forensischen Psychologie stellen den Nutzen vieler Regeln und Praktiken der Verkaufsrhetorik infrage. Wir haben Ihnen hier die »Realkennzeichen« von glaubhaften Aussagen nahegebracht, um Ihnen aufzuzeigen, was in der Verkaufsrhetorik nicht funktioniert. Danach wirken Sie immer dann, wenn Sie als Verkäufer aalglatt und perfektionistisch auftreten oder eine Art auswendig gelerntes Skript herunterrattern, tendenziell unglaubhaft. Präsentieren Sie sich lieber mit Ecken und Kanten und unterfüttern Sie Ihre Aussagen mit konkreten, eindrücklichen und glaubhaften persönlichen Beispielen. Es geht nicht darum, diese Realkennzeichen schematisch als eine Art neue Verkaufsrhetorik zu übernehmen, sondern darum, dass Sie authentisch und vor allem ehrlich auftreten. Dann werden sich von ganz alleine glaubhafte Elemente in Ihr Verkaufsgespräch einfügen.

3.3 Spiegelneurone

Selbstexperiment

Stellen Sie sich bitte einmal Folgendes vor: Sie sehen dabei zu, wie im Rahmen eines medizinisch notwendigen Eingriffs bei jemandem die Fingernägel gezogen werden.

Was spüren Sie? Hat es Sie sofort durchzuckt? Haben Sie ein Kribbeln im ganzen Körper oder zumindest in den Fingerspitzen, den Armen und in der Brust verspürt? Wie kommt es, dass eine einfache Vorstellung in Ihrer Fantasie solche intensiven Körperreaktionen hervorrufen kann? Die Antwort lautet: Dafür sind Spiegelneurone verantwortlich.

Was sind Spiegelneurone? Bei ihnen handelt es sich um besondere Nervenzellen in unserem Gehirn, die dafür verantwortlich sind, dass wir mit anderen Menschen mitfühlen können, obwohl wir im wörtlichen Sinne nicht in ihrer Haut stecken. Wir können sogar erahnen, was andere in einer gegebenen Situation wahrscheinlich als Nächstes tun werden. Spiegelneurone verschaffen uns aber auch eine Vorstellung davon, wie es sich für uns selbst anfühlen würde, dieses oder jenes zu tun. Um es kurz und drastisch auszudrücken: Spiegelneurone sind dafür verantwortlich, dass wir uns nicht erst von einem Zug überfahren lassen müssen, um zu wissen, dass uns das nicht guttun würde. Das ist ein praktischer Mechanismus, der der Menschheit bis zum heutigen Tage das Überleben gesichert hat.

Etwas abstrakter hat dies Joachim Bauer, der Autor eines sehr interessanten Buches über Spiegelneurone, definiert: »Nervenzellen, die im eigenen Körper ein bestimmtes Programm realisieren können, die aber auch dann aktiv werden, wenn man beobachtet oder auf andere Weise miterlebt, wie ein anderes Individuum dieses Programm in die Tat umsetzt, werden als Spiegelneuronen bezeichnet.«[4]

Sie fragen sich vielleicht, was das mit dem Thema dieses Buches zu tun hat. Nun, Spiegelneurone sind auch dafür verantwortlich, dass Ihre Kunden merken, wenn Sie im Verkauf nicht authentisch sind. Sie spüren es einfach, bewusst oder unbewusst. Um das zu verstehen, müssen wir etwas weiter ausholen.

Die Entdeckung der Spiegelneurone

Schauen wir uns an, wie die Spiegelneurone entdeckt wurden. Dies hat Bauer in seinem Buch ausführlich beschrieben. Es gibt bestimmte Nervenzellen, die Handlungen steuern und deswegen »Handlungsneurone« genannt werden. Sie werden immer dann aktiv und senden Impulse (»feuern« nennen das die Physiologen), wenn eine bestimmte Handlung ausgeführt werden soll. Man kann die Aktivität messen, indem man die entsprechenden Zellen freilegt und ein Messgerät anschließt. Das ist im Prinzip ein alter Hut. Das relativ Neue kommt jetzt. Der italienische Physiologe Giacomo Rizzolatti führte im Jahre 1996 an der Universität Parma Experimente an Affen durch und machte folgende Beobachtung: Er ließ zunächst Affen nach einer Erdnuss auf einem Tablett greifen und konnte erwartungsgemäß messen, dass die Handlungsneurone feuerten, wenn der Affe nach der Nuss griff. Neu und absolut unerwartet war aber, dass diese Nervenzellen nicht nur feuerten, wenn der

Affe dies selbst tat, sondern auch, wenn er nur beobachtete, wie jemand anderes nach der Nuss griff. Das war eine wissenschaftliche Sensation. Darüber hinaus stellte sich heraus, dass diese Effekte nicht nur bei Beobachtungen auftreten, sondern auch bei anderen Wahrnehmungen, z. B. bei Geräuschen.

Die entsprechenden Phänomene lassen sich auch beim Menschen beobachten. Man nutzt dazu die modernen bildgebenden Verfahren, mit denen sich Schnittbilder des Gehirns erzeugen und Nervenaktivitäten in bestimmten Hirnregionen nachweisen lassen. Dabei lassen sich gegenüber den Experimenten mit Affen noch weitergehende Erkenntnisse gewinnen, die mit Affen nicht möglich sind, weil man ihnen keine Anweisungen geben kann. So reicht es schon aus, wenn man einem Menschen die Instruktion gibt, sich eine bestimmte Handlung vorzustellen. Die Spiegelneurone feuern auch dann.[5]

Kurz gefasst hier noch einmal die Essenz der Entdeckung:

Bei uns Menschen werden allein durch Vorstellungen und Wahrnehmungen bestimmte Handlungsprogramme ausgelöst, die sich durch die Aktivität entsprechender neuronaler Netze nachweisen lassen. Diese Aktivitäten laufen auch dann ab, wenn wir bewusst davon gar nichts bemerken.

Anwendungen

Mit diesen Erkenntnissen ist die wissenschaftliche Grundlage gelegt für das, was früher schon irgendwie klar war, aber noch nie wissenschaftlich bewiesen wurde. Das hat sehr weit gehende Implikationen, die im Übrigen praktisch bereits seit langem genutzt werden. So erhöht die Beobachtung einer Handlung die Wahrscheinlichkeit für deren Ausführung. Deswegen wird beispielsweise vor jedem Flugzeugstart den Fluggästen vorgeführt, wie sie sich im Notfall verhalten sollen (Atemmaske heranziehen, Schwimmweste anlegen und so weiter). Wahrscheinlich laufen auch jetzt bei Ihnen als Leser sofort die entsprechenden Bilder ab. Nicht zuletzt in der Werbung wird das Prinzip längst angewendet, aber nun wissen wir, wie es funktioniert: So sehen wir z. B. in einem Werbespot, wie eine Hausfrau eine bestimmte Kaffeesorte aus dem Regal im Supermarkt nimmt und in ihren Einkaufswagen legt. Danach sitzt sie zu Hause im Kreise ihrer Lieben und trinkt genüsslich den aufgebrühten Kaffee, während ihr ihre Schwiegermutter anerkennend zuraunt: »Also dein Kaffee!«

Auch Romane, die gesamte Filmindustrie – erst recht die Pornographie! – sind Anwendungen des beschriebenen Prinzips. Wir fühlen mit anderen Menschen mit, auch wenn diese wie im Roman bloß imaginierte oder wie auf der Leinwand nur fiktive Filmgestalten sind. Nicht nur unser Blutdruck steigt bei Verfolgungsjagden, wir neigen uns auch im Kinosessel zur Seite und legen uns in die Kurve oder ducken uns, um einem Gegenstand auszuweichen, der eigentlich nur auf der Kinoleinwand durch die Gegend fliegt.

Auch wenn wir uns verlieben, spielt dieses Prinzip des Sich-in-den-anderen-Hineinversetzen-Könnens eine große Rolle. Wir glauben zumindest zu fühlen, was der andere fühlt, wir sind überglücklich über einen erwiderten Blick, ein erwidertes Gefühl oder eine sonstige Synchronizität im Verhalten des angehimmelten Partners. Entscheidend ist für den Fortgang des Spiels, ob sich im Moment der Blickerwiderung ein Minimum an Resonanz einstellt. Sie besteht in einer kurzen intuitiven Einstimmung des Gesichtsausdrucks, die so unauffällig sein kann, dass sie manchmal von den Beteiligten nicht bewusst wahrgenommen wird und erst recht nicht von Dritten. In ihrer sichtbaren Variante zeigt sich die Einstimmung z. B. in einem unwillkürlich spontan auftretenden Lächeln. Das bedeutet, entscheidend ist nicht, was gemacht wird, sondern dass es sich gemeinsam einstellt, dass Resonanz entsteht. Paare in der Phase der ersten Verliebtheit treiben das ins Extrem und berauschen sich daran.

Unstimmigkeiten hingegen irritieren. Wenn sich der andere dauernd gänzlich anders verhält, als wir dies erwarten, können wir uns nicht verlieben. Wir gehen dann auf Distanz. Auch in bestehenden Partnerschaften ist dies möglich, man spricht dann gewöhnlich davon, dass sich die Partner einander entfremdet hätten. Bis zur Trennung ist es dann oft nicht weit.

Spiegelneurone im Verkauf

Zurück zum Verkauf. Das grundlegende biologische Bedürfnis nach Überleben ist ein Prinzip, das nach wie vor existiert und entsprechend auch in der Interaktion zwischen Kunden und Verkäufern eine wesentliche Rolle spielt. Auch hier sind die Spiegelneurone aktiv, sowohl beim Verkäufer als auch beim Kunden. Sie dienen unter anderem der Deutung kommunikativer Signale des jeweils anderen. Je besser und eindeutiger wir diese Signale deuten können und je angenehmer die Gefühle sind, die damit verbunden sind, desto positiver ist die Beziehung zwischen Verkäufer und Kunden. Und desto eher – Sie erinnern sich an die oben zitierte Studie zu Spitzenverkäufern – wird der Kunde etwas kaufen.

Die unbewusste Ebene im Verkauf

Was aber passiert, wenn der Verkäufer unstimmige Signale sendet, zum Beispiel seine Körpersignale und seine Stimme etwas anderes vermitteln als seine Worte? Was passiert, wenn er schablonenhaft oder unehrlich agiert? Oder wenn er Angst hat, dass der Kunde nichts kauft? Ohne Zweifel spürt der Kunde das, auch wenn er vielleicht bewusst nicht benennen kann, was sein Unbehagen auslöst. Seine Intuition ist vor allem eine Funktion der Spiegelneurone auf einer unbewussten Ebene. Sie wird ihm sagen, dass hier etwas nicht stimmt und ihn vorsichtig, ja misstrauisch machen. Misstrauen aber verhindert Verkäufe, während Vertrauen die Basis für Verkäufe darstellt. Oder haben Sie schon mal etwas gekauft, wenn Sie misstrauisch waren? Wenn ja, dann haben Sie wahrscheinlich hinterher einen Grund gefunden, mit dem Gekauften unzufrieden zu sein. Ihr Misstrauen hat sich dann zu spät manifestiert. Eine wahrscheinliche Folge kann auch sein, dass Sie bei diesem Verkäufer in der Regel nichts mehr kaufen. Genau wie in einer Beziehung mit einem Partner wird der Kunde tendenziell das Weite suchen. Der Verkäufer braucht sich dann über seinen Misserfolg nicht zu wundern.

Im Verkaufsgespräch ist das häufig nicht so drastisch, sondern spielt sich auf einer subliminalen Ebene ab, also unterhalb der Wahrnehmungsschwelle. Sie spüren, was in dem anderen vorgeht, aber

Sie merken es mitunter gar nicht bewusst. Sie könnten es auch nicht aussprechen oder benennen. Sie denken nur global »Ich trau dem nicht« oder »Da stimmt was nicht«.

Ein abschlussschwacher Verkäufer zum Beispiel sendet Signale aus, dass er Angst vor dem Abschluss hat. Diese Signale nimmt der Kunde unterschwellig wahr. Er wird genau an dieser Stelle reagieren und den Kauf möglicherweise nicht besiegeln, es sei denn, er braucht das Produkt unbedingt. Wenn es um einen normalen Verkaufsprozess geht, in dem der Kunde überzeugt werden muss, kann das den Ausschlag geben. Obwohl der Kunde vielleicht rhetorisch perfekt bedient wird, kommt es nicht zum Abschluss.

Solche Verhaltensmuster sind Erfolgsverhinderungsprogramme. Es ist also wichtig, dass Sie sich mit solchen Mustern auseinandersetzen und sie auflösen, um den Schritt zum Spitzenverkäufer zu schaffen. Fragen Sie sich einmal selbstkritisch, ob Sie vielleicht eine suboptimale Entwicklung durchlaufen haben und sich mit bestimmten Erfolgsverhinderungsprogrammen selbst im Wege stehen. Im Laufe Ihrer persönlichen Entwicklung haben Sie vielleicht gelernt, sich zu verstellen und eine »Verkaufsmaske« aufzusetzen. Eine solche Maske der Verstellung ist das Gegenteil von Authentizität und mindert Ihren Verkaufserfolg. Mehr dazu erfahren Sie gleich im folgenden Kapitel dieses Buches.

Bleiben Sie bei sich

Sie als Verkäufer merken zum Teil selbst, ob Sie sich in einem Verkaufsgespräch mit einem Kunden wohl oder eben unwohl fühlen. Und dementsprechend handeln Sie auch. Wenn Sie sich unwohl fühlen, dann sind Sie nie ganz bei sich, sondern eigentlich in dem schlechten Gefühl des Kunden. Sie können nicht authentisch sein und auch keine Situation zu Ihren Gunsten herumdrehen. Die Situation drehen können Sie nur, wenn Sie bei sich bleiben.

Viele Verkäufer scheitern daran. In Momenten, in denen der Verkauf auf der Kippe steht, bleiben sie nicht bei sich, sondern glauben, sich an den Kunden noch mehr anpassen zu müssen, um ihm zu gefallen. Anstatt für sich zu sorgen und dadurch ein gutes Gefühl zu haben und dies auszusenden, passen sie sich den schlechten Gefühlen des Kunden an. Das bringt sie von ihrer eigenen Wahrheit weg. Sie können dann ihre Sicht der Dinge auch nicht mehr überzeugend vermitteln – ein fataler Fehler. Richtig ist, bei sich zu bleiben. Es gibt dann nur zwei Möglichkeiten: Entweder der Kunde geht und kauft nicht oder man dreht durch authentisches Verhalten die Situation um, so dass der Kunde wieder Vertrauen fasst und kauft.

Hinzu kommt: Wenn Sie versuchen, offen und authentisch zu sein, animieren Sie über die Spiegelneurone des Kunden auch ihn, offen und authentisch zu sein. Das erspart viele Umwege und vergeudete Gespräche. Wenn Sie dagegen unecht sind, also Ihre Maske aufsetzen, animieren Sie auch den Kunden, in seine Maske zu gehen oder sogar gleich das Weite zu suchen.

Wirkung der Sprache in der Kommunikation

Das Gesagte hat auch Implikationen für den Wortgebrauch. Viele Verkäufer sind sich der Wirkung ihrer Sprache nicht bewusst. Ganz besonders zeigt sich das in Preisverhandlungen, z. B. durch Bemerkungen wie »Das ist nicht teuer«. Ungewollt setzen Sie mit solchen Bemerkungen eine Assoziationskette zum Thema »teuer« in Gang. Das, was der Kunde mitbekommt, ist das Wort »teuer« und die nächste Frage, die sich der Kunde stellt, ist: »Wie teuer ist das denn?« Und diese Frage ist mit negativen Gefühlen verbunden. Auch hier sorgen also Spiegelneurone für unerwünschte Effekte, in diesem Falle schlechte Gefühle. Gerade bei Preisverhandlungen spürt der Kunde, ob der Verkäufer hinter dem steht, was er sagt. Wenn der Verkäufer authentisch und selbstbewusst den Preis darstellt, dann kann er vom Kunden auch akzeptiert werden.

Dies kann in Abhängigkeit von der Position des Verkäufers oder Mitarbeiters mitunter schwierig sein. Nehmen wir einen Serviceberater eines Autohauses einer Premiummarke. Wenn er eine Rechnung von – sagen wir – 2 000, 3 000 oder sogar 4 000 Euro ausstellen soll, obwohl er selbst vielleicht nur 2 000 bis 2 500 Euro im Monat verdient, dann stellt er sich vielleicht immer wieder die Frage: »Ist es das wert? Ist das nicht zu teuer?« Das macht es ihm schwer, selbstbewusst den Preis zu verteidigen. Die Folge ist, dass der Kunde unsicher wird und nachfragt oder unzufrieden weggeht.

Ähnliche Probleme gibt es in vielen anderen Servicebereichen, etwa bei Kellnern in Restaurants. Hier ist es üblich, dass die Kellner in Abhängigkeit von der Preisklasse des Restaurants unterschiedlich viel verdienen, denn sie müssen auch als Person das Preisniveau des Restaurants repräsentieren. Wenn ein Kellner so wenig verdient, dass er sich nie und nimmer selbst ein Essen in seinem Restaurant leisten könnte, dann werden das die Gäste auf irgendeine Weise spüren und unangenehm empfinden.

Kurz und gut: Wenn Sie Luxus glaubhaft verkaufen wollen, müssen Sie sich auch selbst Luxus gönnen (können).

Zusammenfassung

Bei uns Menschen werden allein durch Vorstellungen und Wahrnehmungen bestimmte Handlungsprogramme ausgelöst, die sich durch die Aktivität entsprechender neuronaler Netze nachweisen lassen. Daran sind »Spiegelneurone« beteiligt. Diese Aktivitäten laufen auch dann ab, wenn wir bewusst davon gar nichts bemerken.

Kunden spüren auch über ihre Spiegelneurone, wenn Sie sich als Verkäufer nicht authentisch verhalten. Das ist ein unbewusst verlaufender Prozess, der bei den Kunden unangenehme Gefühle erzeugt und sie das Weite suchen lässt. Der Kunde merkt nur global »Irgendetwas stimmt da nicht« und schreckt vor dem Kauf zurück. Wenn Sie Angst vor dem Verkaufsabschluss haben, so spürt der Kunde das unbewusst über seine Spiegelneurone. Ebenso, wenn es Unstimmigkeiten in Ihrem Verhalten gibt, zum Beispiel eine Diskrepanz von verbalen und nonverbalen Signalen. Solche nicht-authentischen Verhaltensweisen sind Erfolgsverhinderungsprogramme.

Umgekehrt sind die Gefühle des Kunden umso angenehmer, je besser und eindeutiger er über seine Spiegelneurone die Signale deuten kann, die Sie als Verkäufer aussenden, und je positiver die Beziehung zwischen Ihnen und dem Kunden ist. Wenn Sie sich also authentisch verhalten, erzeugen Sie positive Gefühle beim Kunden und erhöhen die Wahrscheinlichkeit seiner Entscheidung für einen Kauf. Wenn Sie bei sich bleiben und sich nicht dem Kunden anbiedern, dann wirken Sie authentisch und vertrauenswürdiger. Sie haben dann auch die Chance, Verkaufssituationen, die auf der Kippe stehen, zu Ihren Gunsten zu entscheiden. Zudem animieren Sie Ihre Kunden, ebenfalls offen und ehrlich zu sein.

4
Was hemmt mich?
Erfolgsverhinderungsprogramme

Wir haben uns jetzt darüber verständigt, was Authentizität ausmacht und warum sie im Kundenkontakt unersetzlich ist. Aber wie können Sie ein authentischer Spitzenverkäufer werden? Wie können Sie das Wissen um den Wert authentischen Verhaltens in praktikable Verhaltensänderungen für sich selbst umsetzen? Darum soll es in den folgenden Kapiteln gehen. Diese Kapitel sind die Essenz dieses Buches.

Fangen wir indirekt an: Wenn Sie authentischer im Verkauf werden wollen, müssen Sie auch in Ihrem sonstigen Leben authentischer werden, denn irgendwo muss die Authentizität ja herkommen. Dazu ist es sinnvoll, eine Bestandsaufnahme zu machen, in welchen Situationen und Lebensbereichen Sie nicht authentisch sind. Immer wenn Sie nicht authentisch sind, verleugnen Sie sich selbst und verhindern Ihren Erfolg. Nicht authentische Verhaltensweisen sind Erfolgsverhinderungsprogramme – wussten Sie das? Es geht dabei nicht nur um Ihre Verhaltensweisen im Verkauf, sondern in Ihrem Lebensalltag insgesamt. Wenn Sie außerhalb des Verkaufs nicht authentisch sind, zieht Ihnen das Energie ab, die Ihnen dann auch im Verkauf fehlt.

Schauen Sie einmal etwas über den Tellerrand hinaus. Nicht authentisches Verhalten wird sich in vielen Bereichen Ihres Lebens zeigen und ist außerhalb des Verkaufs für Sie wahrscheinlich leichter zu identifizieren. Umgekehrt wird es Ihnen leichter fallen, authentisch zu verkaufen, wenn Sie sich insgesamt stärker darum bemühen, authentischer zu leben. Das wird spürbar auf Ihren Verkaufserfolg durchschlagen.

Authentisch verkaufen. Hans Vialon und Göran Hajek
Copyright © 2008 WILEY-VCH Verlag GmbH & Co. KGaA, Weinheim
ISBN: 978-3-527-50355-1

Erfolgsverhinderungsprogramme

Nicht authentische Verhaltensweisen sind Erfolgsverhinderungsprogramme. Sie verhindern Ihren Erfolg, indem Sie sich selbst verleugnen. Umgekehrt können Sie fast sicher sein, dass Sie sich
nicht authentisch verhalten haben, wenn Sie nicht erfolgreich
waren. Es lohnt sich, Ihre Misserfolge unter diesem Aspekt zu
betrachten. Die wichtigsten Erfolgsverhinderungsprogramme sind
Süchte und Gewohnheiten.

4.1 Süchte

Süchte und abhängiges Verhalten verweisen uns immer darauf,
dass wir nicht authentisch sind. Das macht sie so wertvoll und wichtig für dieses Buch. Wenn wir an unserer Authentizität arbeiten wollen, brauchen wir nur auf unsere Süchte zu schauen und bekommen
einen ganz direkten Hinweis darauf, wo wir uns und anderen etwas
vormachen. Warum ist das so? Sehen wir uns dazu die Mechanismen und Gesetzmäßigkeiten süchtigen Verhaltens an.

Wenn Sie jetzt abwinken und zum nächsten Kapitel übergehen
wollen, dann tun Sie es bitte nicht! Lesen Sie die folgenden Seiten
bitte auch dann aufmerksam, wenn Sie der Meinung sind, mit Süchten keinerlei Probleme zu haben. Es lohnt sich.

Sven (31) ist Verkäufer in einem Autohaus und seit 15 Jahren Raucher. Pro Tag raucht er etwa eine bis anderthalb Schachteln Zigaretten, gelegentlich auch mal mehr. Aber bei seiner Arbeit im Verkaufsraum kann er nicht rauchen. Das bedeutet für ihn, dass er bei jeder
sich bietenden Gelegenheit ins Büro oder vor die Tür »verschwinden« muss, um sich eine anzustecken. Wenn das länger als eine
Stunde nicht möglich ist, zum Beispiel weil er zwei oder drei Kunden hintereinander bedient (»bedienen muss«, denkt er dann), wird
er nervös. Neben dem »Verkaufsprogramm« läuft in seinem Kopf
ständig parallel ein anderer Film mit dem Titel »Wann kann ich endlich die nächste Zigarette rauchen?«. Es dürfte klar sein, dass das der
Qualität seiner Arbeit nicht zuträglich ist.

Martin (44) ist als Vertreter eines Pharma-Unternehmens beruflich viel unterwegs und verbringt die Abende oft allein in einem Hotelzimmer, getrennt von seiner Familie. Da fühlt er sich ab und zu ganz schön einsam. Manchmal überkommt ihn ein regelrechter Katzenjammer und er denkt:»Was mach ich hier eigentlich?« In solchen Momenten, aber auch dann, wenn er Schwierigkeiten hat, vom Stress des Tages abzuschalten, hat er sich angewöhnt, ein paar Bier zu trinken. Dann kann er gut schlafen, und schließlich muss er am nächsten Tag ja wieder ausgeschlafen und fit auf der Matte stehen. In letzter Zeit hat er allerdings gelegentlich bemerkt, dass das nicht so richtig funktionierte. Entweder konnte er trotzdem nicht so gut schlafen oder er trank ein wenig mehr und hatte dann am nächsten Tag einen Kater und konnte sich nicht recht konzentrieren. Einmal hatte er sogar eine leichte Fahne und musste darauf achten, dem Kunden nicht zu nahe zu kommen.

Elvira (25) ist eine moderne, sportliche und sehr kommunikative Frau. Sie ist ein Multitalent, ein echter Überflieger, und verkauft zurzeit Versicherungen. Ihr Handy ist für sie zu einem zusätzlichen Körperteil geworden; sie telefoniert fast ständig, auch wenn sie sich mit Freunden oder ihrem Partner trifft. Und das nervt! Ihr letzter Partner Markus (34), in den sie eigentlich sehr verliebt war, warf deswegen nach einem halben Jahr das Handtuch. Dem waren etliche Streits vorausgegangen, weil er sich durch sie nicht ernst genommen fühlte. Dabei hätte sie sich mit ihm auch eine gemeinsame Zukunft vorstellen können und verstand ihn auch, wenn er sich bei ihr beklagte. Nur konnte sie irgendwie ihr Verhalten nicht ändern.

Süchte, kleinere oder größere »Laster«, Inkonsequenzen, Abhängigkeiten – es gibt viele Möglichkeiten, das zu benennen, worum es hier geht. Bleiben wir der Einfachheit halber bei dem Wort Sucht.

Abhängigkeit

Süchte und abhängiges Verhalten verweisen uns ganz direkt auf nicht authentische Verhaltensweisen. Der Süchtige »sagt« durch sein Verhalten im Grunde Folgendes: So wie ich bin, bin ich nicht richtig, nicht locker genug, nicht widerstandsfähig genug, nicht perfekt genug. Ich brauche dieses oder jenes Mittel, um diese Situation zu überstehen, bestimmte Gefühle unter Kontrolle zu behalten (das bedeutet meistens, sie nicht zu spüren) oder um mich wohlzufühlen. Ohne dieses Suchtmittel fühle ich mich nicht wohl; ich brauche diese Krücke. Das ist der Kern der Abhängigkeit.

Wenn wir das sagen, dann geht es uns nicht darum, bei Ihnen eine Sucht zu diagnostizieren oder Sie in irgendeiner Weise zu pathologisieren. Sondern uns geht es an dieser Stelle darum, Ihnen die Erfolgsverhinderungsmechanismen abhängigen Verhaltens zu erläutern, damit Sie Ihre eigenen Schlüsse daraus ziehen können.

Ohne geht es nicht

Zu diesen Mechanismen abhängigen Verhaltens zählen ein starker Wunsch oder eine Art Zwang, das »Suchtmittel« zu konsumieren. Dieser wird einem oft erst bewusst, wenn man einmal über eine substanzielle Zeitspanne hinweg versucht, das Suchtmittel wegzulassen. Dabei gibt es so gut wie nichts, was nicht zur Sucht werden könnte. Neben dem klassischen Alkohol- und Tabakkonsum können Suchtmittel auch Medikamente, Kaffee, Fernsehen, Telefonieren, Internetsurfen, Sex, Glücksspiele, Shopping, aber auch Arbeit und Sport sein. Diese in der Regel sozial tolerierten und auch legalen Drogen haben mitunter ein höheres Suchtpotenzial als manche der illegalen Drogen, die natürlich auch als Suchtmittel zu nennen sind.

Dosissteigerung

Ein zweiter wesentlicher Aspekt von Abhängigkeit ist eine Tendenz zur Dosissteigerung. Das bedeutet, dass zunehmend höhere Dosen des Suchtmittels erforderlich sind, um eine ähnliche Wirkung zu erzielen, die früher durch niedrigere Dosen erreicht wurde. Man spricht hier vom Entwickeln einer Toleranz. Wenn Sie noch Auto fahren können, nachdem Sie fünf Bier getrunken haben, haben Sie mit Sicherheit schon eine Toleranz entwickelt. Aber auch ohne die Tendenz zur Dosissteigerung ist süchtiges Verhalten wert, hinterfragt zu werden. Es kann sein, dass Sie zwar immer etwa die gleiche Menge trinken oder rauchen, aber merken oder wissen, dass Ihnen das nicht guttut.

Einengung der Interessen

Ein weiteres wichtiges Kriterium ist der Anteil, den das Verhalten an Ihren sonstigen Alltagsaktivitäten einnimmt. Wenn Sie andere Vergnügen oder Interessen zunehmend zu Gunsten Ihres Suchtmittels vernachlässigen, ist das ein alarmierendes Zeichen. Dabei brauchen Sie nicht unbedingt an Kokainsucht zu denken. Arbeitssucht ist das typischere Beispiel.

Kontrollverlust

Damit hängt auch eine verminderte Kontrollfähigkeit bezüglich des Beginns, der Beendigung und der Menge des Konsums zusammen. Wenn Sie also morgens »Heute trinke ich nichts« sagen und abends dann doch drei Bier getrunken haben, deutet sich hier ein Problem an. Wenn Sie eigentlich nur Ihre E-Mails checken wollten und dann doch auf einer Sex-Seite im Internet geblieben sind, haben Sie die Sache offensichtlich nicht unter Kontrolle.

Doppelte Buchführung

Es gibt viele Methoden, wie wir unsere Suchttendenzen vor uns selbst verbergen. Eine beliebte ist die »doppelte Buchführung«. Dabei spalten wir unser reales Leben auf in das, was wir »eigentlich« wollen, und in das, was gewissermaßen unbeabsichtigterweise (trotzdem) passiert. Dabei halten wir den ersten Teil, der eigentlich nur in unserer Fantasie existiert, für die Realität, und den zweiten Teil, der sehr reale negative Konsequenzen für uns hat, für beinahe nicht existent. Das drückt sich dann in Formulierungen aus wie:

- »Alkohol ist eigentlich kein Problem für mich, denn es ginge ja auch ohne.«
- »Eigentlich mag ich Alkohol gar nicht, weil ich dann nicht mehr so klar denken kann.«
- »Ich habe da zwar zu viel Geld ausgegeben, aber eigentlich bemühe ich mich, mein Budget unter Kontrolle zu haben.«
- »Im Internet kann ich schon deswegen nicht so viel surfen, weil mir dazu die Zeit fehlt.«

Beliebt ist auch, das eine Suchtmittel gegen ein anderes oder Argumente gegeneinander auszuspielen:

- »Ich bin eigentlich gar nicht sexsüchtig; ich mache das nur, wenn ich zu viel getrunken habe.« (Das kommt dann aber mindestens einmal pro Woche vor.)
- »Mit dem Kiffen kann ich schon deswegen kein Problem haben, weil ich so ein aktiver Sportler bin und so viel trainiere.«
- »Ich trinke zwar viel, aber die Menge hat sich seit Jahren nicht erhöht. Ich kann also kein Suchtproblem haben.«
- »Der Arzt hat gesagt, meine Leberwerte sind in Ordnung. Ich kann also weitertrinken.«

Auf diese Weise können Sie sich ein Leben lang etwas vormachen. Und das scheint auch eine menschliche Eigenschaft zu sein. Wir kennen niemanden, der das nicht auf irgendeine Weise praktizieren würde. Es geht uns an dieser Stelle auch nicht um Moral. Der springende Punkt ist vielmehr eine nüchterne Bestandsaufnahme.

Fortführung des Verhaltens

Typischerweise setzt der Süchtige/Abhängige sein abhängiges Verhalten fort, obwohl er weiß oder spürt, dass ihm das nicht guttut und bereits Schäden eingetreten sind. Auch hier sollten wir aber keine streng moralischen Bewertungsmaßstäbe anlegen; das würde nur verhindern, sich den Fakten selbstkritisch zu stellen, oder dazu führen, sich zu verteufeln. Inkonsequenzen dieser Art sind nur allzu menschlich. Wer hat nicht schon einmal nach einem feucht-fröhlichen Abend einen Kater gehabt und war deswegen am nächsten Tag nicht richtig arbeitsfähig? Problematisch wird es, wenn sich so etwas häuft und die Arbeitsleistung massiv beeinträchtigt, vielleicht sogar Termine verpasst werden oder wichtige Geschäfte dadurch platzen.

Abhängigkeiten zeigen sich häufig auch in destruktiven Partnerschaften. Obwohl der eine Partner weiß oder spürt, dass der andere ihn in seinem Wohlbefinden und seiner Arbeitsfähigkeit beeinträchtigt (zum Beispiel weil er emotional instabil ist), hält er an ihm fest und scheut eine Trennung. Er hat das Gefühl, ohne den anderen in ein tiefes Loch zu fallen. Angst vor Veränderung und vor Verantwortungsübernahme für sich selbst steht meist eigentlich dahinter. Auch in geschäftlichen Kontexten gibt es derartige Abhängigkeiten.

Merkmale abhängigen Verhaltens

Typische Merkmale abhängigen/süchtigen Verhaltens sind:

- starker Drang, das Suchtmittel zu konsumieren
- Tendenz zur Dosissteigerung
- Einengung der Interessen
- Kontrollverlust
- doppelte Buchführung
- Fortführung des Verhaltens trotz erwiesener schädlicher Auswirkungen

---

- Stellen Sie sich einmal die folgenden Fragen und schreiben
  Sie sich am besten die Antworten stichpunktartig auf:
  - Was hält mich davon ab, meine Ziele zu erreichen?
  - Wie vielfältig sind meine Bedürfnisse (Listen Sie sie auf!),
    und welchen Raum nimmt deren Befriedigung in meinem
    Alltag ein? (Was bleibt auf der Strecke?)
  - Warum drängen sich bestimmte Gewohnheiten immer wie-
    der in den Vordergrund und sorgen dafür, dass andere mei-
    ner Bedürfnisse auf der Strecke bleiben?
  - Was macht mich unzufrieden?
  - Warum kann ich manche meiner Gewohnheiten nicht
    ändern, obwohl sie mich unzufrieden machen?
  - Welche Gefühle verberge ich vor mir selbst oder machen
    mir Angst, wenn sie spürbar werden?

Mitunter wissen wir die Antworten sehr genau. Wir haben uns an
irgendeinem Punkt unseres Lebens entschieden, so mit uns und
unseren Gefühlen umzugehen, wie wir das tun. Mitunter wissen wir
die Antworten aber auch nicht oder glauben nur, sie zu kennen.
Wirklich Neues erfahren wir erst, wenn wir einmal über eine substanzielle Zeitspanne hinweg versuchen, das Suchtmittel wegzulassen. Das kann eine sehr spannende Erfahrung sein, die viel Veränderung in unserem Leben auslösen kann.

Die meisten Raucher werden sehr unruhig, wenn sie versuchen,
mit dem Rauchen aufzuhören. Viele geraten schon in Panik, wenn
ihre Zigaretten alle sind und binnen zehn Minuten keine Möglichkeit besteht, neue zu besorgen. Raucher, die bereits ein paar Tage
»nüchtern« sind, können anfangs regelrecht ungenießbar sein und
bei kleinsten Anlässen cholerisch reagieren. Das kann für alle Beteiligten sehr unangenehm sein, aber die Welt geht davon nicht unter.

Genau genommen ist aber auch dieses cholerische Abreagieren
ein Abwehren der eigentlichen Befindlichkeit, ein Vermeidungsverhalten. Denn in dieser frei werdenden Wut steckt viel Unzufrieden-
heit und ein großes Potenzial, die Dinge oder Umstände, die einen
unzufrieden machen, zu ändern. Dieses frei werdende Potenzial ist
ein Geschenk. Nutzen Sie es! Reagieren Sie es nicht in sinnlosen
Streitereien ab. Ersticken Sie es nicht durch Essen oder andere

Ersatz-Suchtmittel. Nehmen Sie es ernst und werden Sie sich darüber klar, was Sie alles unzufrieden macht.

☞ Sie können in Form eines Brainstorming eine Liste erstellen, welchem Zweck Ihre Süchte dienen. So eine Liste können Sie zum Beispiel mit einem Satz einleiten wie: »Wenn ich wirklich ehrlich zu mir selbst bin, dann merke ich ...« Versuchen Sie es!

Dabei können sehr überraschende und radikale Erkenntnisse zu Tage treten. Antworten könnten zum Beispiel sein:
- »... dass ich auf Partys nur trinke, weil ich mich langweile.«
- »... dass ich rauche, um Zeit zu gewinnen und Dinge hinauszuzögern.«
- »... dass ich Angst davor habe, dass meine Wünsche wahr werden könnten.«
- »... dass ich meine Frau/meinen Mann nicht mehr liebe und mich trennen würde, wenn ich den Mumm dazu hätte.«
- »... dass ich im falschen Beruf bin.«

Weil wir uns in der Regel vor Antworten dieser Art fürchten, vermeiden wir es, uns überhaupt die Fragen zu stellen oder uns in Situationen zu bringen, in denen sich diese Fragen stellen. Also machen wir im gewohnten Trott weiter und rauchen, trinken, stürzen uns in die Arbeit oder was auch immer. Wie gesagt, niemand ist perfekt, und wir kennen niemanden, der nicht die eine oder andere Inkonsequenz dieser Art leben würde. Aber ist das nicht gleichzeitig auch sehr schade? Liegt nicht gerade in diesem Vermeidungsverhalten, diesem Nicht-Hinsehen-Wollen ein Schatz verborgen, der es wert wäre, gehoben zu werden?

Jede der genannten Beispielantworten hat das Potenzial zu weiteren sehr produktiven Fragen:
- »Warum gehe ich (so oft) auf Veranstaltungen, auf denen ich mich langweile?«
- »Warum gebe ich mich mit Menschen ab, mit denen ich mich langweile?«
- »Was könnte ich stattdessen Interessanteres tun und warum tue ich es nicht?«

- »Warum zögere ich Aktivitäten, z. B. Telefonate mit Kunden, hinaus, die ich eigentlich machen möchte?«
- »Will ich diese Aktivitäten eigentlich, die ich hinauszögere?«
- »Warum habe ich Angst davor, dass meine Erfolgswünsche wahr werden könnten, zum Beispiel im Verkauf?«
- »Müsste ich dann mein Selbstbild als Verkäufer und mein Bild vom Verkauf/von der Welt verändern?«
- »Wenn ja, wäre das so schlimm?«
- »Hieße das vielleicht, dass ich mehr Verantwortung für mich übernehmen müsste, und würde mich das überfordern?«
- »Würde ich mich ohne meine jetzige Partnerin/meinen jetzigen Partner oder mit einem anderen Chef vielleicht viel wohler in meiner Haut/meinem Job fühlen?«
- »Welche (Verkaufs-)Tätigkeit wäre für mich befriedigender/angemessener?« (Vergleichen Sie dazu auch den Selbstcheck Berufsmotivation am Ende dieses Kapitels.)

Der geheime Zweck

Die eigentlich interessante Frage ist: Was steht hinter Ihrem Erfolgsverhinderungsprogramm, welchem geheimen Zweck dient dieses Programm? Meist liegt der Zweck im Kern darin, Veränderungen seines Selbst- und Weltbildes abzuwehren und Erfahrungen und Gefühle aus der Kindheit zu konservieren. – Dieser Frage können Sie sich aber erst widmen, wenn Sie der Wahrheit ungeschminkt ins Auge sehen. Analysieren Sie deshalb zunächst, in welchen Bereichen Sie sich nicht authentisch verhalten und Ihren Erfolg verhindern.

Wenn Sie mit dem einen oder anderen Erfolgsverhinderungsprogramm in Ihrer Verkäufertätigkeit brechen wollen, werfen Sie nicht gleich die Flinte ins Korn, sollten Sie mit dem ersten Versuch scheitern. Es ist normal, mehrere Versuche mit dem Aufhören zu machen, bis es schließlich klappt. Sollten Sie rückfällig geworden sein, hindert Sie niemand daran, es am nächsten Tag wieder neu zu probieren. Fatalismus ist hier völlig fehl am Platze und kontraproduktiv.

Chemischer Entzug

Vielleicht hilft es Ihnen zu wissen, dass Sie einen chemischen Entzug durchmachen, wenn Sie versuchen, Ihr abhängiges Verhalten zu ändern. Ihre Nervenzellen sind über die Synapsen miteinander verschaltet. Sie erwarten, in bestimmten Situationen mit bestimmten Botenstoffen (Neurotransmittern) »gefüttert« zu werden. Bleibt diese »Fütterung« aus, schlagen sie Alarm. Das macht sich wie eine Art Hungergefühl bemerkbar. Was Sie tatsächlich durchmachen, ist ein chemischer Entzug, der sich im starken psychischen Verlangen nach dem Suchtmittel äußert. Das ist normalerweise völlig ungefährlich und geht vorbei. Nur bei Formen starker, auch körperlicher Abhängigkeit vom Suchtmittel – etwa bei Alkoholikern oder Heroinabhängigen – kann dieser Entzug zu vorübergehenden gesundheitlichen Krisen führen (etwa lebensgefährlichen Herzrhythmusstörungen) und sollte deswegen unter ärztlicher Aufsicht stattfinden.

Die Verantwortung übernehmen

Mit dem Wissen um diese biochemischen Vorgänge können Sie sich also vielleicht sagen, dass Sie das süchtige Verhalten dieser Nervenzelle jetzt nicht belohnen wollen. Sie können ihr beim Umlernen helfen, indem Sie dem Verlangen nach dem Suchtmittel nicht nachgeben, sondern gezielt einer neu zu entwickelnden Verhaltensweise Raum geben. Das kann zum Beispiel so aussehen, dass Sie den Computer ausschalten, mit dem Sie die immer gleichen Seiten im Internet durchsurfen. Stattdessen rufen Sie einen Kunden an, den Sie vorher nur ungern angerufen hätten. Sie können sich auch überlegen, was Sie Interessantes tun könnten, um sich fortzubilden oder Ihre Verkaufschancen zu verbessern.

Oder, weil dieses Beispiel noch so sehr nach Arbeit aussah, wie wäre es damit: Anstatt in einer Kneipe zu sitzen und – sagen wir – drei Bier zu trinken, überlegen Sie sich, was Sie stattdessen im Moment wirklich interessieren würde (Schlafengehen, ins Kino gehen, die interessante Frau/den interessanten Mann gegenüber ansprechen ...), und dann machen Sie das einfach. Sich so zu verhalten, erfordert sehr viel Wachheit, Bewusstheit und Selbstreflexion.

Es geht vor allem darum, dass Sie für sich selbst und Ihr Verhalten die Verantwortung übernehmen, als Verkäufer und in Ihrem sonstigen Leben auch. Sie sind derjenige, der zu jedem Zeitpunkt entscheidet, was er tut. Niemand sonst. Aber viele Menschen gehen mit diesem Thema ausgesprochen unreif um. Sie glauben, wenn sie sich das nur »irgendwie« vornehmen und bestimmte Tricks anwenden, dann klappt das schon mit dem Aufhören. Am besten soll jemand anderes – ein Arzt oder Psychologe – das Problem für sie erledigen: mit Hypnose oder einem anderen Trick, einem Pflaster, Pillen und so weiter. Die einfache und möglicherweise unangenehme Wahrheit ist: Diese Dinge können vielleicht helfen, aber wenn Sie nicht wirklich wollen und die Verantwortung für Ihr Handeln übernehmen, wird sich nichts ändern.

Verantwortung

Wenn Sie Erfolg haben wollen, müssen Sie Verantwortung für sich selbst und Ihr Verhalten übernehmen. Verantwortung zu übernehmen heißt, sich bewusst für das, was man tut, zu entscheiden und nicht andere Personen oder irgendwelche Umstände dafür verantwortlich zu machen. Sie sind derjenige, der zu jedem Zeitpunkt entscheidet, was er tut. Das zu realisieren, bedeutet auch Erwachsensein.

☞ Machen Sie eine nüchterne Bestandsaufnahme von Ihren selbstschädigenden Gewohnheiten als Verkäufer. Nutzen Sie dazu die Checkliste 2 »Meine Sucht- und Ausweichtendenzen als Verkäufer« im Anhang.

☞ Greifen Sie sich eine von Ihren Gewohnheiten heraus, von der Sie ahnen oder bereits wissen, dass Sie Ihnen nicht guttut und für Ihren Erfolg als Verkäufer hinderlich ist. Versuchen Sie, eine Woche lang dieses Verhalten zu unterlassen. Wenn Sie mit dem Rauchen aufhören wollen, ist die Sache klar. Rühren Sie keine Zigarette an. Aber wenn Sie arbeitssüchtig sind, können Sie wahrscheinlich Ihre Aktivitäten nicht sofort auf Null reduzieren. Es wäre wahrscheinlich auch nicht sinnvoll. Sie können jedoch versuchen maßzuhalten, zum Beispiel, indem Sie statt zwölf Stunden pro Tag »nur« acht oder neun Stunden arbeiten. Die nutzen Sie dann aber richtig. Wenn Sie sich davor drücken, genügend Kundenkontakte zu machen, werden Sie Ihre Kontakte nicht gleich um 100 % pro Tag steigern können. Aber Sie können sie systematisch steigern, zum Beispiel von sechs auf acht, dann auf zehn usw.

☞ Beobachten Sie sich dabei selbst und machen Sie sich dazu Notizen:

- Wie fühlen Sie sich nach dem ersten Tag, dem zweiten und so weiter?
- Werden Sie unruhig, gereizt, traurig, übermütig? Oder wird Ihnen gar langweilig? Drücken Sie die Gefühle nicht weg, sondern lassen Sie sie zu und spüren Sie sie. Gefühle sind gewöhnlich sehr flüchtige Gesellen, sobald Sie sie zulassen und fließen lassen.
- Was machen Sie mit der Ihnen zusätzlich zur Verfügung stehenden Zeit?
- Wie verändert sich Ihre Wahrnehmung von Situationen, von anderen Personen, Kunden, Kollegen und von sich selbst?
- Gibt es vielleicht überraschende Erlebnisse, Begegnungen oder sogar Erfolge?
- Verspüren Sie vielleicht Impulse, bestimmte Dinge in Ihrem Leben und Ihrer Arbeit zu ändern? Gehen Sie dem nach.

☞ Insbesondere, wenn Sie Schwierigkeiten haben sollten, Ihr Verhalten in der gewünschten Weise zu ändern, können Sie einmal auf die folgenden Fragen achten:

- In welchen Situationen verspüren Sie den Impuls zu der unerwünschten Verhaltensweise?
- Wie fühlen Sie sich in dem Moment, in dem Sie den Impuls bemerken (z. B. einsam, traurig, wütend, euphorisch)? Haben Sie vielleicht Minderwertigkeitsgefühle oder Versagensängste?
- Wonach haben Sie in dem Moment Sehnsucht?
- Welche Gedanken/Fantasien gehen Ihnen durch den Kopf?
- Versuchen Sie einmal, diese Gedanken und Gefühle bewusst zuzulassen und wahrzunehmen, aber dennoch

nicht dem Impuls zu der unerwünschten Verhaltensweise nachzugeben. Was passiert dann?
– Welche Vorteile bietet Ihnen das Aufrechterhalten der unerwünschten Verhaltensweisen (z. B. Zuwendung, Unbekümmertheit, Hilflosigkeit ...)?

Wenn Sie bei der ersten Übung die Checkliste im Anhang ausgefüllt haben, dann haben Sie vielleicht gerade eine Art Realitätsschock erlitten. Vielleicht aber auch nicht. Wie dem auch sei, viele Ihrer alltäglichen Verhaltensweisen bergen ein erhebliches Suchtpotenzial, sind aber Teil Ihres ganz normalen (Arbeits-)Lebens. Auf viele können und wollen Sie auch nicht verzichten. Manche machen gar den subjektiven Sinn Ihrer Existenz aus. Andere dienen Ihnen vielleicht als Krücke, Alltagsbelastungen zu überstehen oder auszugleichen. Das alles ist okay; niemand richtet hier über Sie.

Der Sinn dieses Kapitels über das Thema Sucht ist aber – Sie erinnern sich –, dass uns unsere Süchte, unerwünschten Verhaltensweisen usw. darauf hinweisen, dass wir nicht authentisch sind. Nur darum geht es hier. Wenn Sie also als Verkäufer authentischer werden wollen, dann haben Sie hier einen ganz direkten Angriffspunkt. Sie können sich überlegen, ob Sie an den Stellen, wo Sie insgeheim mit Ihrer Lebensweise unzufrieden sind, Änderungen probieren wollen. Das betrifft auch Ihre Verkaufstätigkeit. Sie können nur dann ein authentischer und leistungsstarker Verkäufer werden, wenn Sie authentischer werden.

Authentizität, Sucht und Intuition

Bis hierhin haben Sie vielleicht gedacht: Okay, das ist ja alles ganz interessant, aber irgendwie auch Ansichtssache. Jetzt kommt etwas, was Sie vielleicht umhauen wird. Es gibt dazu nämlich interessante objektive Fakten. Unser Gehirn ist darauf spezialisiert, bei allem, was wir täglich tun, unentwegt zu überprüfen, ob das, was bei unseren Handlungen herauskommt, auch unserem erwarteten Ergebnis entspricht. Von dieser Rechenoperation merken wir normalerweise nichts, weil sie unbewusst und im Hintergrund abläuft. Sehr wahrscheinlich hängt mit dieser Fähigkeit das zusammen, was wir Intuition nennen. Wir können nicht sagen warum, aber wir haben »aus dem Bauch heraus« das Gefühl, dass wir dieses oder jenes tun sollten und etwas anderes lieber nicht. Das gilt auch für erfolgreiche Verhaltensweisen in Verkaufssituationen.

In psychologischen Experimenten konnte nachgewiesen werden, dass jedes Mal, wenn wir einen kleineren Fehler begehen, eine charakteristische elektromagnetische Welle unser Gehirn durchzuckt, die sogenannte ERN-Welle (error-related negativity), ohne dass wir bewusst etwas von dem Fehler merken. In der Folge dieser ERN-Welle optimiert das Gehirn selbstständig seine Entscheidungsprozeduren. Das macht sich in den Experimenten durch verlängerte Reaktionszeiten bemerkbar. Und jetzt kommt's: Bei Süchtigen ist dieser Mechanismus gestört. Die niederländischen Neuropsychologen Ingmar Franken von der Erasmus-Universität Rotterdam und Richard Ridderinkhof von der Universität Amsterdam unterzogen Kokain-Abhängige und Alkoholiker denselben Tests wie zuvor die Gesunden. Die Kokainabhängigen entschieden sich häufiger falsch, bemerkten ihre Fehler nicht und änderten vor allem ihre Strategie nicht. Und bei den Alkoholikern fehlte die Fehlerwelle ganz im Gehirn.[1]

Das bedeutet im Klartext: Wenn Sie Ihren Süchten frönen, vermindern Sie nicht nur Ihre Authentizität, sondern sehr wahrscheinlich auch Ihre Intuition, Ihre Fähigkeit zu richtigen Entscheidungen und Ihre Möglichkeiten, aus Fehlern zu lernen. Und damit verhindern Sie Ihren Verkaufserfolg. Wenn dann noch verstärkend hinzukommt, dass gerade entscheidungsschwache Menschen – auch Verkäufer – ein besonderes Suchtpotenzial zu haben scheinen, dann sind wir mitten im Teufelskreis.

Es wäre interessant, die beschriebenen Zusammenhänge auch einmal für Schokoladen- oder TV-Süchtige zu untersuchen. Wir kennen dazu leider keine Daten. Aber unabhängig von den neurochemischen und elektrophysiologischen Vorgängen dürfte es offensichtlich sein, dass Süchtige sich mit ihrem Verhalten um die eigentlich wichtigen Entscheidungen herum mogeln. Bei TV-Süchtigen wird dies schon am Zeitaufwand deutlich.

Zusammenfassung

Nicht authentische Verhaltensweisen im Verkauf sind Erfolgsverhinderungsprogramme. Die wichtigsten Erfolgsverhinderungsprogramme sind Süchte und Gewohnheiten, die Sie behindern, das Richtige zum richtigen Zeitpunkt zu tun.

Der Süchtige/Abhängige »sagt« durch sein Verhalten im Grunde, dass er sich selbst ablehnt oder als minderwertig empfindet und das Suchtmittel benötigt, um über die Runden zu kommen und seine Gefühle zu manipulieren. Den wenigsten ist dies jedoch bewusst.

Typische Merkmale abhängigen Verhaltens sind: ein starker Drang, das Suchtmittel zu konsumieren, eine Tendenz zur Dosissteigerung, eine Einengung der Interessen, Kontrollverlust über die Einnahme des Suchtmittels, doppelte Buchführung sowie Fortführung des Verhaltens trotz erwiesener schädlicher Auswirkungen.

Es ist in jedem Falle sehr fruchtbar, eine nüchterne Bestandsaufnahme solcher Süchte, abhängigen und selbstschädigenden Verhaltensweisen bei sich vorzunehmen (vergleiche Checkliste 2 im Anhang). Das ist der erste Schritt zu einem bewussteren Umgang mit dem eigenen Verhalten im Verkauf. In einem zweiten Schritt geht es aber darum, zu reflektieren, was hinter den Süchten steht, also zum Beispiel welche Gefühle damit manipuliert werden oder welche Aspekte seiner selbst man ablehnt. Die eigentlich interessante Frage ist letztlich, welchem geheimen Zweck das jeweilige Erfolgsverhinderungsprogramm dient. Meist liegt der Zweck im Kern darin, Veränderungen seines Selbst- und Weltbildes abzuwehren und Erfahrungen und Gefühle aus der Kindheit zu konservieren.

Die Lösung liegt in der Übernahme von Verantwortung für sämtliche Aspekte des eigenen Lebens, das heißt im Erwachsenwerden.

4.2 Gewohnheiten

Sucht, Gewohnheit und Zwang

Süchte sind selbstschädigende Gewohnheiten, die zum Zwang werden. Sie bieten uns anfangs eine Form von vorübergehender Befriedigung. Es sind also lustvolle Gefühle involviert, die aber in der Regel Ausweichcharakter gegenüber anderen Gefühlen haben (Unlust, Angst, Trauer, Wut, Angst vor Lustabfall, wenn wir schon euphorisch sind usw.). Süchte sind anfangs etwas anderes als Zwänge. Zwar teilen sie mit dem Zwang die Gemeinsamkeit, dass wir uns zu einem bestimmten Handeln getrieben fühlen und sich dies unserer Kontrolle zu entziehen scheint. Aber beim Zwang fehlt in der Regel das lustvolle Moment, das der Süchtige zumindest im Anfangsstadium seiner Sucht empfindet. Der Zwanghafte leidet in der Regel vielmehr unter seinem Verhalten. Er erlebt es als Einengung seines Verhaltensspielraums; die Befolgung des Zwangsverhaltens kann für ihn existenziellen Charakter haben, und eine Verletzung der Zwangsregeln löst Angst aus. Im fortgeschrittenen Stadium allerdings werden Süchte immer mehr zu Zwängen.

Gewohnheiten

In Abhebung davon haben Verhaltensweisen, die wir als Gewohnheiten bezeichnen, verblüffenderweise die Eigenschaft, veränderbar zu sein. Wir können unsere Gewohnheiten ändern und tun dies auch ständig. Eine Zeit lang mögen wir die Gewohnheit gehabt haben, uns sonntagsmittags eine bestimmte Sendung im Fernsehen anzusehen. Aber eines Tages haben wir vielleicht das Interesse verloren und taten etwas anderes. Jahrelang haben wir uns vielleicht mit einem bestimmten Freundeskreis in einer bestimmten Kneipe getroffen, dann haben einzelne geheiratet oder sind weggezogen, und der Kontakt hat sich verloren. Früher haben Sie vielleicht regelmäßig die Fußballergebnisse in der Zeitung studiert, jetzt sind es die Börsendaten. Gewohnheiten sind nicht so stabil wie allgemein angenommen. Sie ändern sich normalerweise im Zuge sich ändernder Lebenssituationen. Selbst Süchte können sich mitunter überraschend ändern und (zeitweise) ganz verschwinden, wenn wir in eine neue Lebenssituation kommen. Zwänge nicht.

Veränderte Gewohnheiten – neue Entwicklungen

Bleiben wir noch einmal bei den Gewohnheiten. Sie sind im Grunde eine wunderbare Erfindung der Natur, denn sie vereinfachen uns unseren Alltag ganz enorm. Dadurch, dass wir Gewohnheiten haben, brauchen wir nicht jedes Detail unseres Alltagslebens jeden Tag neu zu entscheiden, sondern können auf Routinen zurückgreifen. Wir müssen nicht täglich überlegen, wie wir den Tisch decken wollen, an welcher Ecke wir links abbiegen müssen, um nach Hause zu kommen oder was wir in unserer Freizeit für Hobbys treiben könnten. Wir müssen nicht – aber wir können! Gelegentlich sollten wir das sogar. Denn wie an den genannten Beispielen unschwer deutlich wird, vereinfachen uns unsere Gewohnheiten nicht nur den Alltag, sondern sie engen uns auch ganz erheblich ein. Sowohl unsere Möglichkeiten, uns selbst zu äußern und zu verhalten, als auch unsere Möglichkeiten, die Welt zu erfahren, werden durch unsere Gewohnheiten bestimmt und eingeengt. Wenn wir uns dazu entscheiden, eine Gewohnheit bewusst zu durchbrechen, entscheiden wir uns auch dafür, uns in der Welt anders zu verhalten, uns anders zu präsentieren, die Welt anders zu sehen und zu erleben. Im Falle des Tischdeckens mag das noch etwas pompös formuliert erscheinen (obwohl schon die Vorstellung von anwesenden Gästen zeigt, dass die vorangegangenen Gedanken gut anwendbar sind). Im Falle des Nachhausewegs oder von Hobbys aber liegt die Relevanz des Gesagten auf der Hand: Ändern Sie Ihre Gewohnheiten hier nur geringfügig, so können Sie schon auf völlig neue Situationen und Menschen treffen. Und Ihre Sicht der Welt kann im wahrsten Sinne des Wortes eine andere werden. Dies gilt auch für Ihre Gewohnheiten, immer zu bestimmten Kundentypen zu gehen oder Verkaufsgespräche immer in der gleichen Art und Weise zu führen. Verändern Sie hier systematisch Ihre Verhaltensweise, um neue Möglichkeiten hinzu zu gewinnen und erfolgreichere Strategien als Verkäufer zu entwickeln. Das Bewusstsein von Variabilität hilft uns, Möglichkeiten zu sehen.

Gewohnheiten

Gewohnheiten sind veränderbar, andernfalls handelt es sich um Süchte oder Zwänge. Gewohnheiten dienen dem Zweck, unser Leben zu vereinfachen, beschränken uns aber in unserem Erfahrungshorizont. Sie können uns an unserer Weiterentwicklung hindern und/oder unserer aktuellen Lebenssituation nicht mehr angemessen sein. Deswegen ist es wichtig, sie von Zeit zu Zeit zu überprüfen und gegebenenfalls zu verändern oder über Bord zu werfen. Das gilt erst recht für den Verkauf.

☞ Krempeln Sie Ihr Leben und Ihre Verkaufsgewohnheiten bewusst um! Welche Ihrer Gewohnheiten können Sie ändern? Hier ein paar Beispiele:
- einen anderen Weg nach Hause nehmen
- andere Kleidung tragen
- andere Hobbys ausüben (welche?)
- etwas wegwerfen, sich von altem Plunder trennen
- etwas anderes essen, kochen ...
- zu einem anderen Ort als gewöhnlich in den Urlaub fahren
- andere Fernsehsendungen sehen oder, noch besser: gar nicht mehr fernsehen

☞ Im Verkauf:
- andere Nutzenargumentationen verwenden
- einen anderen Kundentyp ansprechen
- neue Kundengruppen ansprechen
- andere Gesprächseinstiege wählen
- andere Verkaufsunterlagen benutzen
- mehr Zeit für Verkaufsgespräche reservieren
- lockerer im Verkaufsgespräch sein

☞ Finden Sie mindestens zehn weitere Möglichkeiten.

☞ Suchen Sie sich drei Möglichkeiten Ihrer Wahl aus und testen Sie sie innerhalb der nächsten 24 Stunden. Wie fühlt sich das an? Macht es Ihnen Angst? Finden Sie es banal? Oder weckt es Ihre Lust auf mehr? Was haben Sie dabei entdeckt? Machen Sie sich Notizen!

☞ Probieren Sie in den darauffolgenden 24 Stunden die nächsten drei Möglichkeiten aus, und so weiter.

Sich von altem Plunder trennen

Eine wunderbare Möglichkeit, Änderungen in Ihrem Leben in Gang zu bringen, ist, sich von Altem zu trennen. Das kann sogar Spaß machen. Es gibt ein wunderbares Buch von Karen Kingston, das sich ausschließlich diesem Thema widmet und das wir Ihnen an dieser Stelle wärmstens ans Herz legen möchten[2]. Darin geht sie nicht nur detailliert sämtliche Bereiche Ihres Lebens durch, in denen sich Gerümpel finden kann, sondern sie gibt Ihnen auch klare Anweisungen, wie Sie beim Entrümpeln am besten vorgehen können.

Durchforsten Sie Ihre Wohnung, Ihr Haus, Ihr Büro, Ihren Schreibtisch! Sie werden feststellen, dass es Ecken mit altem Plunder gibt, den Sie zum Teil schon jahrelang nicht mehr brauchten. Stapel alter Zeitschriften, die Ihnen vielleicht einmal etwas bedeutet haben oder die Sie einmal ordentlich sichten wollten, wenn Sie Zeit haben. Wenn Sie im letzten Jahr nicht dazu gekommen sind, vergessen Sie's. Zur Not gibt es Bibliotheken. Oder Ihre Briefmarkensammlung: Mag sein, dass sie Ihnen als Kind etwas bedeutet hat, aber tut sie das heute noch? Wie sieht es in Ihrem Kleiderschrank aus? Welche Sachen haben Sie schon zwei Jahre oder länger nicht getragen? Welche anderen Dinge haben Sie schon so lange nicht genutzt? Wie hoch schätzen Sie die Wahrscheinlichkeit ein, dass Sie sie im nächsten Jahr tragen oder nutzen werden? Welche Sachen haben Sie vielleicht noch nie gemocht oder genutzt und heben Sie nur auf, weil Sie sie gekauft, geschenkt bekommen oder gesammelt haben? Jedes Mal, wenn Sie sie sehen, ärgern Sie sich von Neuem darüber. Das alles kostet nur Energie, macht Ihnen ein schlechtes Gewissen und vermindert Ihr Selbstwertgefühl.

Besondere Aufmerksamkeit verdient natürlich Ihr Arbeits- und Verkaufsbereich. Versuchen Sie einmal, Ihr Erscheinungsbild, Ihr Auftreten und Ihren Arbeitsplatz mit den Augen eines Fremden zu sehen. Was fällt Ihnen auf? Gibt es unerklärliche Einsprengsel von Dingen aus Ihrer Vergangenheit, die da nicht hingehören und nur irritieren? Ist Ihr Schreibtisch und der ihn umgebende Arbeitsbereich aufgeräumt oder türmen sich anscheinend unerledigte Papiere, die bei näherer Prüfung meistens problemlos weggeworfen werden können? Machen Sie es sich zum Grundsatz, jedes Papier nur einmal anzufassen und sofort zu entscheiden, was damit geschehen soll. Nutzen Sie Methoden des Zeitmanagements.

Einige dieser Ecken haben Sie sicherlich schon aus Ihrem Bewusstsein verbannt; Sie sehen sie normalerweise gar nicht mehr. Andere sehen Sie vielleicht noch und denken jedes Mal aufs Neue: Da müsste ich mal rangehen. Wie dem auch sei, der ganze alte Plunder saugt Ihre Energie ab. Er ist Ballast, den Sie nicht mehr brauchen und der Sie blockiert.

Plunder

Sich von altem Plunder zu trennen, ist eine spezielle Variante, Gewohnheiten zu verändern. Alter Plunder hält Sie in der Vergangenheit fest, mitsamt den damit verknüpften Gefühlen. Er blockiert Sie und saugt Ihnen Ihre Energie ab. Er ist der augenscheinliche Beweis dafür, dass Sie sich um Entscheidungen drücken. Und das Entscheidende: Dieser Ballast blockiert auch Ihren Verkaufserfolg.

☞ Trennen Sie sich von altem Plunder. Sie können systematisch vorgehen. Sie können aber auch jeden Tag einfach mindestens fünf Dinge wegwerfen. Wenn Sie sich an die Aufgabe nicht herantrauen, weil Sie Ihnen zu gewaltig erscheint, können Sie sich auch sagen: »Okay, ich fange nur mit dieser oder jener Ecke an und mache es nur 10 Minuten.« Sie werden staunen, wie Sie in Schwung kommen!

☞ Welche weiteren Erfolgsverhinderungsmuster im Verkauf haben Sie bei sich erkannt? Neigen Sie dazu, sich in Ihren verschiedenen Aktivitäten zu verzetteln? Hören Sie mit Ihren Aktivitäten gerade dann auf, wenn der Erfolg vor der Tür steht? Präsentieren Sie sich so schlecht, dass man Sie schon sehr mögen muss, um Ihnen etwas abzukaufen? Verpassen Sie Termine? Schieben Sie die Dinge, die Sie eigentlich tun

wollen, vor sich her? Machen Sie ein kurzes Brainstorming
(2 Minuten). Notieren Sie: »Ich neige dazu, mich dadurch zu
sabotieren, dass ...«

☞ Überlegen Sie sich, warum Sie sich auf diese Weise sabotieren.

Sich verzetteln

Besonders für Menschen mit vielen Talenten und Interessen ist
die Gefahr groß, sich zu verzetteln und auf diese Weise zu verhindern, in den Belangen, die ihnen »eigentlich« wichtig sind, erfolgreich zu sein. Da ist Prioritätensetzung gefragt. Das heißt zu
Deutsch: die Fähigkeit, das Wichtige vom Unwichtigen zu unterscheiden und das Wichtige ganz nach oben auf die Tagesordnung zu
setzen. Aber wie macht man das?

Prioritäten

Wie entscheidet man, was wichtig ist und was nicht? Zwei Dinge
erleichtern Ihnen diese Entscheidung ungemein:

1. Sie brauchen Klarheit über Ihre Bedürfnisse und müssen
   diese auch entsprechend würdigen.
2. Sie brauchen konkrete und realistische Ziele, auch im Verkauf.

Wenn Sie keine konkreten Zielvorstellungen haben, ist die Gefahr,
sich zu verzetteln, besonders groß. Das sieht man sehr anschaulich
beim Surfen im Internet. Wenn Ihnen klar ist, was für Sie wichtig
ist und wo Sie hinwollen, dann können Sie auch leichter Grenzen
setzen und Nein sagen, wenn wieder mal eine Ablenkung winkt. Sie
ahnen es vielleicht schon: Auch das macht Authentizität aus.

☞ Welche Bedürfnisse haben Sie? Nach dem amerikanischen
    Psychologen Abraham Harold Maslow gibt es eine sogenannte
    Bedürfnis-Pyramide (vgl. die Checkliste 3 im Anhang):

Maslow

Die Basis der Pyramide bilden die so genannten physiologischen Bedürfnisse, also unsere lebenserhaltenden Grundbedürfnisse nach Trinken, Essen, Schlafen, Atmen und Wärme. In der Ebene darüber kommen die Bedürfnisse nach Sicherheit und Unverletzlichkeit (Wohnung, Arbeitsplatz, Gesetzlichkeit und Ordnung usw.), darüber die sozialen Beziehungen und Austausch mit anderen (Kontakt, Liebe, Freundschaft ...). Die nächste Ebene umfasst die Bedürfnisse nach sozialer Anerkennung (Status, Macht, Prestige, Geld, Auszeichnungen, Karriere ...). Ganz oben in der Pyramide siedelt Maslow die sogenannten Selbstverwirklichungsbedürfnisse an. Ordnen Sie Ihre Bedürfnisse den verschiedenen Etagen dieser Bedürfnispyramide zu und sortieren Sie sie dabei nach ihrer momentanen individuellen Bedeutsamkeit. Setzen Sie also die für Sie im Moment bedeutsamsten Bedürfnisse innerhalb jeder Ebene an die erste Stelle und die anderen jeweils darunter. Seien Sie dabei ehrlich zu sich selbst. Vermutlich wird nicht jedes Bedürfnis, das Sie an die erste Stelle gesetzt haben, Ihrer augenblicklichen Aktivitätsstruktur im Leben entsprechen. Nutzen Sie dazu die Checkliste 3 »Meine Bedürfnisse« im Anhang.

☞ Welche Ziele haben Sie? Welches sind Ihre langfristigen, Ihre mittelfristigen Ziele und Ihre Nahziele? Listen Sie sie auf.

☞ Vergleichen Sie diese Liste mit Ihren Prioritäten bei den Bedürfnissen. Welche sind kompatibel und wo zeigen sich Diskrepanzen? Sollten sich Diskrepanzen zeigen, so heißt das, dass Sie Zielen nachjagen, die nicht Ihrer Bedürfnisstruktur entsprechen. Sie tun sich Gewalt an und sind nicht authentisch. Wenn Sie eines Tages ein anerkannter Erfinder werden wollen, wird Sie Ihre Tätigkeit als Verkäufer vermutlich nicht dahinbringen; allerdings muss man auch Erfindungen verkaufen. Was wollen Sie mit der Diskrepanz anfangen?

Selbstcheck Berufsmotivation

Zum Überprüfen Ihrer Erfolgsverhinderungsmuster sollte nicht zuletzt auch gehören, dass Sie sich einmal ehrlich fragen, ob Sie eigentlich im richtigen Beruf sind. Es macht keinen Sinn, an Ihrer Authentizität als Verkäufer zu feilen, wenn Sie eigentlich gar nicht verkaufen wollen oder zumindest nicht die Produkte verkaufen wollen, die Sie gegenwärtig verkaufen. Wenn Sie jetzt erst mal tief Luft holen müssen und geschockt sind, dann könnte das ein Signal sein, dass da was dran ist.

☞ Aber auch wenn Sie ganz gelassen geblieben sind, können Sie sich einmal die folgenden Fragen stellen. Sie können Ihrer persönlichen Weiterentwicklung nur dienlich sein:
- Macht mir mein Job als Verkäufer Spaß?
- Bin ich eigentlich im richtigen Beruf?
- Warum mache ich das eigentlich?
- Füllt mich mein Beruf als Verkäufer aus oder bleiben Fähigkeiten, Talente und Interessen, die ich habe, ungenutzt?
- Welche beruflichen Tätigkeiten wären vielleicht besser geeignet, um diese brachliegenden Fähigkeiten, Talente und Interessen zu bedienen?
- Könnte ich vielleicht meine berufliche Tätigkeit entsprechend modifizieren?
- Wie denke ich über Verkäufer? (Was sagt mir das über mich selbst beziehungsweise über mein Bild von dem, was ich beruflich tue?)
- Stehe ich hinter dem Produkt, das ich verkaufe, oder habe ich Vorbehalte dagegen? Auch kleine Zweifel wirken sich aus!
- Sollten Sie Vorbehalte haben: Warum verkaufen Sie es dann, und warum verkaufen Sie nicht lieber ein Produkt, hinter dem Sie stehen können?

Wir glauben, dass die Welt nicht auf Produkte wartet, die überflüssig und schlecht sind. Setzen Sie Ihre Talente für Dinge ein, die einen wirklichen Wert verkörpern und diese Welt zum Besseren verändern.

Zusammenfassung

Im Unterschied zu Süchten sind Gewohnheiten relativ leicht veränderbar. Tatsächlich ändern wir sie auch immer wieder, häufig
ohne es zu bemerken. Problematisch sind die Gewohnheiten, die
wir beibehalten, obwohl sie nicht mehr unserer aktuellen Lebenssituation angemessen sind und/oder uns an unserer
Weiterentwicklung hindern. Sie werden dann zu einem Erfolgsverhinderungsprogramm. Deswegen ist es wichtig, dass wir unsere
Gewohnheiten von Zeit zu Zeit überprüfen und gegebenenfalls verändern oder ganz über Bord werfen. Das gilt erst recht für den Verkauf.

Eine spezielle Variante der Überprüfung von Gewohnheiten ist,
sich von altem Plunder zu trennen, der eine Art vergegenständ-
lichte Gewohnheit darstellt. Er hält Sie an der Vergangenheit fest
und blockiert Sie; er blockiert auch Ihren Verkaufserfolg.

Sich verzetteln ist eine weitere Variante erfolgsverhindernder
Gewohnheiten. Besonders Menschen mit vielen Talenten und Interessen laufen leicht in diese Falle. Setzen Sie Prioritäten. Dazu
brauchen Sie Klarheit über Ihre jeweils aktuellen Bedürfnisse.
Übersetzen Sie Ihre Bedürfnisse dann in konkrete und realistische
Ziele, dann können Sie auch leichter Grenzen setzen und Nein
sagen, wenn wieder eine Ablenkung winkt.

Eine besondere Art von Gewohnheit ist unser Beruf. Zum Überprüfen Ihrer Erfolgsverhinderungsmuster sollte deshalb nicht
zuletzt auch ein Selbstcheck Ihrer Berufsmotivation gehören.

All diese Schritte bringen Sie voran auf dem Weg zum authentischen Verkäufer.

5
Vom maskenhaften zum authentischen Verkäufer

»Wenn du wirklich bist,
dann bist du Sex.«

Songtext, Zweiraumwohnung

Nun haben Sie schon eine ganze Menge über sich erfahren. Sie haben sich mit Erfolgsverhinderungsmustern als Verkäufer bekannt gemacht und vielleicht auch überraschende Erkenntnisse gewonnen, inwieweit Sie selbst sich mit solchen Mustern im Wege stehen. Sie haben vielleicht auch mehr Klarheit über Ihre Bedürfnisstruktur gewonnen und vielleicht auch den Mut gehabt, sich auf den Stoff wirklich einzulassen und ernsthafter und selbstkritischer auf das zu schauen, was Sie täglich im Verkauf tun.

Ängste und Widerstände

Das ist keine Selbstverständlichkeit. Denn Hinterfragungen dieser Art lösen gewöhnlich Ängste und Abwehr aus. Je nach Individualität können sich diese Ängste beispielsweise als leichtes Unwohlsein, als ein leichtes Kribbeln, als Erregung, als demonstratives Desinteresse oder sogar in Form von regelrechter Panik artikulieren.

Die produktivere Haltung wäre aber, wenn wir uns auf diese Fragen zunächst mit einem selbsterforschenden Interesse einlassen könnten, vergleichbar vielleicht einem Archäologen, der Schicht für Schicht abträgt und dabei allerhand Verdecktes zu Tage fördert: ein Bruchstück hier und ein Detail dort, allerhand Müll, aber auch wirkliche Kostbarkeiten. Wir machen es uns nur unnötig schwer, wenn wir bei jedem entdeckten Detail mit einer Haltung des »Ertapptseins« reagieren. Sagen Sie sich also nicht: »So ein Mist, Tonscherben liegen also auch bei mir rum!« Sondern vielleicht lieber: »Das ist ja interessant! Was für ein Krug könnte da zu Bruch gegangen sein?«

Authentisch verkaufen. Hans Vialon und Göran Hajek
Copyright © 2008 WILEY-VCH Verlag GmbH & Co. KGaA, Weinheim
ISBN: 978-3-527-50355-1

Es geht in diesem Buch darum, wie *Sie* sich verändern können. Wie können *Sie* authentischer und dadurch dauerhaft wesentlich erfolgreicher bei Ihrer Verkaufstätigkeit werden? Es geht also *nicht* darum, irgendwelche neuen Tricks zu lernen, eine neue Verkaufsrhetorik, eine bestimmte Masche des Kundenfangs, sondern es geht um *Sie als Verkäuferpersönlichkeit.* Sie können sich verändern!

Veränderungsprozesse – um solche geht es hier – sind gewöhnlich auf zweifache Weise Angst auslösend. Zum einen lösen solche Veränderungsprozesse Angst vor dem Unbekannten aus, die sich psychologisch gemeinhin als »Widerstand« gegen die Veränderung äußert. Wir mögen mit der Art, wie wir bisher im Verkauf gearbeitet haben, nicht zufrieden sein. Aber wir sind damit doch über die Runden gekommen und haben es bis zum heutigen Tage bis dahin geschafft, wo wir jetzt sind. Und wir haben einen bestimmten Verkaufserfolg gehabt. Wenn jetzt einer kommt und uns erzählt, dass wir uns ändern sollen, um einen noch größeren Verkaufserfolg zu erreichen, dann birgt das ein Risiko. Wer weiß, ob das funktioniert, ob wir das können und ob wir damit wirklich besser fahren? Schließlich hängt vielleicht der Job dran.

Die Fragen sind völlig berechtigt. Sie betreffen im Wesentlichen die Angst vor dem Ungewissen und dürften so alt wie die Menschheit sein. Aber die Menschheit, auch die Verkäufer an sich, hätten sich nicht weiter entwickelt, wenn sie immer in abwehrender Weise mit den berühmten Totschlagargumenten reagiert hätten: »Das haben wir schon immer so gemacht!«, »Das haben wir noch nie so gemacht.«, »Da könnte ja jeder kommen!«

Ängste lassen sich unter anderem dadurch reduzieren, dass man die sonstigen Rahmenbedingungen sicher gestaltet. Wenn Sie sich daran machen, bestimmte Herangehensweisen im Verkauf und in Ihrem sonstigen Leben zu ändern, ist es wichtig, dass es auch Bereiche in Ihrem Leben gibt, in denen Sie sich sicher und geborgen fühlen. Wenn Sie ins kalte Wasser springen und schwimmen lernen, brauchen Sie etwas, woran Sie sich festhalten können, eine Art Rettungsring oder am besten gleich mehrere. Es ist deswegen wichtig, dass Sie sich gezielt überlegen, was Ihnen Vertrauen, Mut und

Kraft gibt. Mit diesen Dingen und Aktivitäten können Sie Ihren Veränderungsprozess unterstützen. Sie fühlen sich dann sicherer.

Ebenso wichtig ist aber auch, dass Sie reflektieren, welche Aspekte Ihres Lebens Sie vielleicht noch zusätzlich verunsichern und Ihnen nicht guttun. Wenn Sie sich in den Veränderungsprozess hineinbegeben, sollten Sie sich auf keinen Fall noch zusätzlich durch andere Dinge verunsichern lassen. Reduzieren Sie Ihre diesbezüglichen Aktivitäten auf ein Minimum. Das kann auch den Kontakt mit bestimmten Personen betreffen. Haben Sie einen Freund oder Verwandten, der das Potenzial hat, Ihr normales Leben gründlich durcheinanderzubringen? Dann sollten Sie den Kontakt mit ihm jetzt möglichst meiden. Sie können ihn wieder treffen, wenn Sie das Gefühl haben, dass Ihr Leben ein wenig zu gleichförmig und langweilig ist, aber nicht jetzt. Solche Menschen haben einen Riecher dafür, gerade dann aufzutauchen, wenn Sie selbst vor wichtigen Schritten der Veränderung stehen und sie nicht gebrauchen können. Bleiben Sie standhaft!

Veränderungsprozesse

Veränderungsprozesse lösen Ängste vor der Veränderung und Widerstände aus. Das ist normal. Sie können sich aber in diesem Prozess unterstützen, indem Sie mit einer selbsterforschenden Haltung und einer gewissen Entdeckerfreude – wie ein Archäologe – an die Arbeit gehen. Außerdem brauchen sie Halt gebende Rahmenbedingungen, aus denen Sie Mut, Kraft und Sicherheit beziehen. Den Kontakt zu verunsichernden und stressenden Mitmenschen sollten Sie dagegen während Ihres Veränderungsprozesses auf ein Minimum reduzieren.

☞ Gehen Sie die Checkliste 4 »Meine Ängste und Widerstände vor Veränderung als Verkäufer« im Anhang durch. Versuchen Sie anschließend, Ihre Erkenntnisse kurz schriftlich zusammenzufassen.

☞ Was brauchen Sie, um Vertrauen und Mut zur Veränderung zum authentischen Verkäufer zu fassen? Was tut Ihnen gut und was nicht? Gehen Sie dazu die Checkliste 5 »Was mir als Verkäufer Vertrauen, Mut und Kraft gibt« durch.

Die Maske

Es gibt aber noch eine zweite Art von Ängsten, die durch Veränderungsprozesse ausgelöst werden. Sie liegen auf einer tieferen Ebene. Es sind Ängste aus früheren Konfliktsituationen, in der Regel aus unserer Kindheit, aber auch aus Misserfolgen als Verkäufer. Als Lösung dieser früheren Konfliktsituationen haben wir ein bestimmtes angepasstes Verhaltensmuster entwickelt, eine Art Maske. Die Maske stellt einen Kompromiss zwischen unseren ursprünglichen Impulsen und den Umweltbedingungen dar. Diese Umweltbedingungen waren nicht nur Erziehungseinflüsse, sondern auch mehr oder weniger zufällige Ereignisse und überdauernde Gegebenheiten (Erkrankungen, Unfälle, Lebensbedingungen jeglicher Art). Die Maske stellte zum damaligen Zeitpunkt eine mehr oder weniger gelungene Anpassung an diese Bedingungen dar. Sie sicherte uns das psychische und physische Überleben. Weil sie aber eine Anpassung ist, verfälscht sie unsere Ursprünglichkeit. Wir haben gelernt, uns zu tarnen und zu verstellen. Wir alle haben im Laufe unserer Sozialisation gelernt, uns anzupassen, zu funktionieren und lieber nicht allzu kritisch auf das zu schauen, was wir tun. Der Terminus »Maske« meint dabei die angepasste und unechte Art, wie wir uns der Welt präsentieren. Diese Maske tragen Sie auch in Ihrer Rolle als Verkäufer. Das ist dann Ihre Verkaufsmaske.

Machen Sie sich aber eines bewusst: Wir sind als Erwachsene keine kleinen abhängigen Kinder mehr. Die Maske ist in der Mehrzahl der Fälle dysfunktional geworden. Und nicht nur das, die Maske hält uns auch in diesen alten und nicht mehr der Realität entsprechenden Mustern fest.

Maske

Wir alle haben – ohne Ausnahme – eine »Maske« entwickelt. Die Maske ist das Ergebnis von (meist in der Kindheit) durchlebten Konflikten und stellt einen Kompromiss zwischen unseren ursprünglichen Bestrebungen und den Gegenspielern aus unserer Umwelt dar. Sie ist ein eingefrorenes Muster, in dem die aus dem ursprünglichen Konflikt herrührenden Ängste konserviert sind. Das Problem ist, dass wir diese Muster in der Regel beibehalten haben, obwohl die Bedingungen sich inzwischen geändert haben dürften. Zudem beraubt uns diese Maske unserer ursprünglichen Kraft und Ausstrahlung.

Wenn wir aber jetzt darangehen, diese Muster zu verändern, kommen automatisch die alten Ängste wieder zum Vorschein, für deren Bewältigung wir einmal die Maske entwickelt haben. Aber davon geht die Welt nicht unter, denn diese Ängste sind eine Fiktion. Sie haben keine reale Grundlage mehr und lösen sich in Luft auf, sobald Sie ein anderes Verhalten praktizieren und damit Ihre neuen positiven Erfahrungen machen. Durch diese Ängste müssen Sie also durch, und das ist nicht halb so schlimm, wie es sich anhört.

Die Maske der Normalität

Die beliebteste Maske ist die der Normalität. Bloß nicht auffallen, aus der Menge herausstechen und sich dadurch zur Zielscheibe machen. So sein zu wollen wie alle anderen, also der berühmte »Otto Normalverbraucher«, sichert den Schutz der Anonymität und die Legitimation der Lebensweise durch die vermeintliche Mehrheit. Das Problem ist nur, dass das kaum durchzuhalten ist und auch einen hohen Preis hat: den des Verzichts auf den persönlichen Lebenssinn, Wahrheit und Authentizität, und Ihren individuellen Verkaufserfolg.

An dieser Stelle wollen wir Ihnen eine traurige Geschichte erzählen. Sie ist wirklich passiert. Ein Therapeut hatte einmal einen Patienten, der ihn viel Kraft gekostet hat. Vielleicht hätte er schon viel früher die Therapie mit diesem Patienten beenden sollen, denn seine Abwehrstruktur war geradezu unerschütterlich fest. Andererseits befand sich der Patient in einer verzweifelten Lage. Wie dem auch sei, eines Tages schien Bewegung in die Abwehrstruktur zu kommen. Der Patient, der früher als Buchhalter gearbeitet hatte, wollte nunmehr seine Kreativität entfalten und einen Blumenladen eröffnen. Beide – Therapeut und Patient – fanden das eine gute Idee. Als aber der Patient dem Therapeuten eröffnete, was für ein Blumenladen das sein sollte, in dem er seine

Kreativität ausleben wollte, entglitten dem Therapeuten die Gesichtszüge: eine Filiale von »Blume 2000«.

Normalität

Wer ein normaler Verkäufer ist, hat auch nur normalen Erfolg als
Verkäufer. Wenn Sie mehr wollen, reicht Normalität nicht; sie kann
sogar zur regelrechten Falle werden.

Es gibt viele Varianten, wie man sich mit seinem Streben, »normal« zu sein, selbst im Weg stehen kann. Meist bedeutet das, dass
das individuelle Selbst, der wertvolle einzigartige Kern eines jeden
Menschen, hinter einer vermeintlich schützenden Fassade aus
»Coolness« (der Maske) versteckt wird und gelegentlich auch mit ihr
in Konflikt gerät.

Brigitte (35) ist Wohnungsmaklerin in Frankfurt am Main. Sie sieht
gut aus, trägt teure elegante Kleidung und gefällt sich in der Rolle
der erfolgsgewohnten, kühlen und manchmal etwas schnippischen
Geschäftsfrau. Sie hat sich angewöhnt, nicht den Funken eines Selbst-
zweifels oder Gefühls nach außen dringen zu lassen. Und ihr beruf-
licher Erfolg scheint ihr Recht zu geben. Das Problem ist nur: Sie ist
eigentlich gar nicht so und hasst, was sie tut. Sie kann keine Freude an
ihrem Beruf empfinden, wenn sie ihre Unverletzlichkeit wie eine
Rüstung trägt. Lange hält sie das nicht mehr durch.

Karl-Heinz (38) ist Versicherungsvertreter in Regensburg und
sehr geübt in der Rolle des überlegten, abwägenden Mannes, der für
alle Lebenslagen das passende Versicherungskonzept bereithält. Er
vermittelt seinen Kunden das Bild eines mitten im Leben stehenden
Familienvaters ohne Ecken und Kanten. Er ist der personifizierte
Durchschnittsbürger. Bei vielen Kunden kommt er damit ausgesprochen gut an. Von daher hatte er bislang auch keinerlei Anlass,
irgendetwas an seinem Auftreten infrage zu stellen. Doch nun kri-
selt es in seiner Ehe und, es fällt ihm zunehmend schwerer, diesen
»Rundum-Sorglos-Eindruck« aufrecht zu erhalten. Er ist dünnhäuti-
ger geworden und reagiert bei kritischen Fragen potenzieller Kunden nicht mehr so gelassen wie früher, manchmal regelrecht gereizt.
Das verunsichert seine Kundschaft. Sein Umsatz brach ein.

Peter (27) hat sich als Vertreter eines Mobilfunkunternehmens selbstständig gemacht und betreibt einen eigenen Laden in einer belebten Hamburger Geschäftsstraße. Die Miete ist nicht ohne. Er ist sehr gewandt und kennt alle Tricks und Vorgehensweisen der Verkaufsrhetorik. Darin ist er ein wahrer Meister. Wenn er will, kann er einen Kunden an die Wand reden, und manchmal macht er das auch. Aber weil er gelernt hat, dass man das nicht soll, bemüht er sich, auch den Kunden zu Wort kommen zu lassen. Das Problem ist nur, dass man das merkt. Er ist nicht wirklich an den Kunden interessiert, sondern will auf Teufel komm raus Kasse machen. Das wirkt manchmal schon ein bisschen verzweifelt. Er hat nicht den super Verkaufserfolg, den er sich wünscht. Aber er glaubt, dass er als Verkäufer richtig gut ist und wundert sich, dass sich der Erfolg nicht einstellt, der seiner Selbsteinschätzung entsprechen würde.

Sie kennen sicherlich Dutzende solcher Beispiele aus Ihrer täglichen Erfahrung. Wie kommt das bei Ihnen an, wenn sich ein Verkäufer Ihnen gegenüber so verhält? Was löst es in Ihnen bewusst oder unbewusst aus? Wie oft wünschen Sie sich, der Verkäufer möge sich doch etwas menschlicher mit Ihnen in Beziehung setzen und nicht nur seine Masche abspulen? Nun, wir müssen hier nicht die Diskussion vom Anfang dieses Buches wiederholen.

Worum es an dieser Stelle gehen soll, ist, einmal hinter die Maske des Verkäufers zu schauen. Warum verhalten wir uns als Verkäufer eigentlich so? Was macht es uns so schwer, in einer angemesseneren und angenehmeren Weise unseren Kunden gegenüberzutreten? Die Frage ist also: Was steckt hinter der Verkaufsmaske? Warum brauchen wir sie?

Maske und Angst

Sie erinnern sich vielleicht noch daran, dass die Maske eine Anpassungsleistung an unsere Ängste darstellt. Das war noch etwas allgemein gehalten formuliert.

> Auf den Punkt gebracht kann man sagen: Die Maske ist der sichtbare Ausdruck unserer Ängste.

Ein einfaches Beispiel mag dies verdeutlichen: Für Lothar (38), Vermittler von Baufinanzierungen in Leipzig, ist es wichtig, in Gesprächssituationen immer die Oberhand und die Kontrolle zu behalten. Das ist seine Maske. Dahinter könnte die Angst stehen, die Kontrolle zu verlieren und durch den anderen »an die Wand geredet«, manipuliert oder sonstwie bedrängt zu werden. Dahinter wiederum dürften konkrete Erlebnisse – in der Regel aus der Kindheit – stehen. Lothars Maske, in Gesprächssituationen immer die Oberhand zu behalten, stellt also eine Anpassungsleistung an diese Erlebnisse dar. Er musste sich vielleicht gegenüber seinem Vater, seiner Mutter oder auch gegenüber älteren Geschwistern zur Wehr setzen und hat einen entsprechenden Verhaltensstil entwickelt. Vielleicht hat er auch einfach nur das Modell der anderen übernommen.

Worum es jetzt geht, ist aber, dass er sein Verhalten und sein Selbstverständnis aktualisiert. Mag sein Verhalten ihm in seiner Familie oder auch gegenüber seinen Klassenkameraden in der Schule das »Überleben« gesichert haben, gegenüber einem Kunden dürfte es erfolgsverhindernd sein. Der Kunde ist nicht sein Vater, seine Mutter oder seine ältere Schwester, gegen die er sich zur Wehr oder durchsetzen muss. Diese Einsicht könnte ihn überraschen, aber es ist so. Es geht also darum, für eine einmal gefundene Strategie, die jetzt nicht mehr erfolgreich ist, eine neue, erfolgreiche als Verkäufer zu finden.

Sich selbst erfüllende Prophezeiungen

Obwohl die Maske einen Bewältigungsversuch Ihrer früheren Ängste darstellt, hält sie paradoxerweise an diesen Ängsten fest. Sie suggeriert, wichtig und sinnvoll zu sein, um nicht wieder in diese frühere Angst auslösende Situation zu kommen. Sie schreibt das Muster fest. Sie verhindert damit auch die Veränderung und die Einsicht, dass Sie sich nicht mehr in dieser ohnmächtigen Situation befinden und die Welt sich inzwischen verändert hat. Die Maske ist damit auch Ausdruck Ihrer Einstellung, Ihrer Haltung zum Leben und zu Ihrer Rolle als Verkäufer. Durch die Art und Ausgestaltung Ihrer Maske demonstrieren Sie unbewusst einen Erwartungshorizont an das, was Ihr Leben, Ihr Verkaufsalltag, Ihre Kunden für Sie bereithalten. Aber nicht nur das.

Sie ziehen entsprechende Erlebnisse auch förmlich im Sinne einer sich selbst erfüllenden Prophezeiung an.

Das Phänomen der sich selbst erfüllenden Prophezeiung ist in zahlreichen sozialpsychologischen und auch medizinischen Experimenten mit vielfältigen Facetten untersucht worden, zum Beispiel in der Attraktivitätsforschung und der pharmazeutischen Forschung (Placebos). Im englischsprachigen Raum ist der Begriff »self-fulfilling prophecy« schon fast ein Alltagsbegriff. Er wurde erstmalig von Robert K. Merton in die soziologische Debatte eingeführt[1]. Damit ist eine »Vorhersage« gemeint, die sich nur deswegen erfüllt, weil sie von einem sozialen Akteur geäußert und von anderen aufgenommen wurde.

Wenn wir den Begriff hier benutzen, meinen wir natürlich keine wortwörtliche »Vorhersage«, sondern eine, die sich anderen durch Ihre Maske und Ihr Verhalten, also nonverbal, mitteilt. Gleichwohl reagieren die anderen darauf und »erfüllen« damit Ihre (unbewusste) »Vorhersage«.

Ein extremes Beispiel mag dies verdeutlichen. Bei diesem hoffentlich für Sie sehr abwegigen Beispiel können Sie leicht das Wesentliche erkennen. Göran hatte einmal einen jungen Mann zu begutachten, der eine ziemlich desaströse Kindheit und Jugend durchlebt hat. Er kam aus einem zerrütteten Elternhaus, die Mutter war Alkoholikerin, und ihre wechselnden Partner schlugen den Jungen brutal. Schon im Vorschulalter war er so verhaltensauffällig geworden, dass er zunächst in eine psychiatrische Klinik kam und dann für den Rest seiner Jugend in verschiedenen Kinderheimen untergebracht war. Er war permanent in irgendwelche Prügeleien verwickelt und trug, »um sich zu schützen«, immer gleich mehrere Messer mit sich herum. In dieser Haltung lief er auch einmal in Berlin durch einen S-Bahn-Waggon. Er setzte sich nicht einfach nur hin, sondern lief durch den ganzen Waggon und schaute sich ständig nach den anderen Fahrgästen um, ob sie ihn vielleicht bedrohten. Es dauerte gar nicht lange, da geriet er an einen Mann, der wahrscheinlich ähnlich aggressiv geladen war und sich vor ihm aufbaute und ihn herausforderte: »Hast du ein Problem?« Da stach der junge Mann zu.

Dieser vom Leben gebeutelte junge Mann hatte sich aufgrund seiner schmerzhaften Erlebnisse die Maske »Ich muss mich schützen« zugelegt. Elemente dieser Maske waren seine mitgeführten Waffen (Messer), seine Rocker-Lederkleidung, aber auch sein Verhalten (misstrauisches und absuchendes Überagieren). Sein Erwartungshorizont oder die in der Maske liegende Prophezeiung war: »Jemand wird mich angreifen, und dann kann ich mich wehren und zustechen.« – Und so geschah es. Das Problem war nur, dass er mit seiner Maske geradezu den Angriff des anderen provozierte. Hätte er sich weniger martialisch gekleidet und einfach ruhig irgendwo hingesetzt, wäre höchstwahrscheinlich nichts passiert.

Sich selbst erfüllende Prophezeiungen

Sich selbst erfüllende Prophezeiungen sind Vorhersagen, die nur deswegen erfüllt werden, weil sie von einem sozialen Akteur geäußert und von anderen aufgenommen wurden. Die »Äußerung« der Vorhersage kann auch nonverbal durch das wahrnehmbare Verhalten des Akteurs erfolgen.

Die Maske im Verkaufsalltag

Schauen wir uns etwas weniger extreme Beispiele aus dem Verkaufsalltag an. Auch da wirkt die Maske wie eine sich selbst erfüllende Prophezeiung:

- Wir haben Angst, unterbrochen zu werden, und überschütten den Kunden mit einem Redeschwall. Der Kunde wird nichts unversucht lassen, uns zu unterbrechen und endlich auch mal zu Wort zu kommen.
- Wir versuchen, uns als besonders perfekt darzustellen, als jemand, der niemals einen Fehler macht. Die Kunden werden sich herausgefordert fühlen, uns das Gegenteil zu beweisen. Wenn der Kunde dann etwas findet, reagieren wir extrem frustriert.
- Wir betonen, was für ein ehrlicher Verkäufer wir sind. Und beschwören das Misstrauen unserer Kunden damit geradezu herauf.
- Wir haben Angst, vom Kunden abgelehnt zu werden, und präsentieren uns besonders entgegenkommend. Der Kunde

honoriert das in keiner Weise und »watscht uns ab«. Bei vielen Verkäufern ist das insbesondere beim Verkaufsabschluss zu beobachten. Viele Verkäufe werden dadurch verhindert. Sie könnten Ihren Verkaufserfolg um ein Vielfaches steigern, wenn Sie allein diesen Punkt verändern würden.

- Wir präsentieren uns gestresst und unter Zeitdruck stehend. Der Kunde setzt uns unter Druck mit Extrawünschen oder nervt durch seine Umständlichkeit.

Die Liste ließe sich beliebig fortsetzen. Das Prinzip ist immer das gleiche. Durch unsere Maske nehmen wir eine bestimmte Haltung zur Welt und insbesondere gegenüber unseren Kunden ein. Wir geben (unbewusst) ein Thema vor, eine Überschrift, wie wir die Welt sehen. Und wir senden Signale für die Kunden aus, die für sie geradezu als Handlungsaufforderung wirken, auf dieses von uns gesetzte Thema zu reagieren. Diese Mechanismen sind in unserem Alltag sehr wirksam und mächtig.

☞ Werden Sie sich darüber klar, welche Ängste Sie im Verkauf und/oder gegenüber Kunden haben. Diese Ängste können mitunter völlig irrational und übertrieben sein, sie können auch anscheinend unbedeutend und klein sein. Seien Sie ehrlich zu sich selbst und listen Sie alles auf. Dazu zählen auch Versagensängste und Minderwertigkeitsgefühle (Neid). Vielleicht hilft es Ihnen, sich dabei einen Kunden vorzustellen, der Ihren persönlichen Albtraum verkörpert. Vergleichen Sie Ihre Liste anschließend mit der Checkliste 6 »Meine Ängste im Verkauf gegenüber Kunden« im Anhang und ergänzen Sie sie gegebenenfalls.

☞ Betrachten Sie sich einmal selbstkritisch im Spiegel. Sie können auch eine Videoaufnahme von sich machen (lassen), während Sie verkaufen. Was sehen Sie da? Beachten Sie Ihre Körperhaltung, Ihre Gesten, Ihre Mimik, Ihre Redeanteile. Wie wirken Sie auf sich selbst? Arrogant, unterwürfig, distanziert, unentschlossen, zerstreut, unruhig, übermütig, betont freundlich, herzlich, künstlich, undurchsichtig, hektisch, widersprüchlich usw.?

☞ Welche Masken tragen Sie in Ihrem Alltag als Verkäufer? Ist es für Sie wichtig, gemocht zu werden? Wie reagieren Sie darauf, wenn Sie jemand ablehnt? Nochmal zur Erinnerung: Wir alle tragen Masken. Gehen Sie dazu die Checkliste 7 »Meine bevorzugten Masken« im Anhang durch. Wie alle Checklisten ist auch diese nur als Anregung gedacht. Verwenden Sie sie kreativ und prüfen Sie sich auf weitere Masken. Es kann nützlich sein, darüber mit Menschen zu sprechen, die Ihnen nahestehen. Fragen Sie sie, welche Masken sie bei Ihnen wahrnehmen oder vermuten. Halten Sie sich fest!

☞ Was sagen Ihnen Ihre Masken in Bezug auf die dahinter stehenden Ängste? Machen Sie sich dazu eine Tabelle:

Masken (Beispiele)	Ängste (Beispiele)
Ich gebe den überlegenen, allseits kompetenten Verkäufer.	Ich habe Angst, jemand könnte entdecken, dass ich etwas nicht weiß.
Ich tue so, als würde ich die ablehnende oder skeptische Haltung des Kunden nicht bemerken.	Ich habe Angst, er/sie könnte mich fertig machen/in Stücke reißen/als Scharlatan entlarven. Ich habe Angst, der Kunde könnte nichts kaufen.
Ich tue so, als würde ich den Kunden nicht bemerken, und spreche ihn nicht an beziehungsweise zeige mich nicht.	Ich habe Angst, er könnte mich zurückweisen.
Ich lege keinen zeitlichen/organisatorischen Rahmen für den Auftrag fest.	Ich habe Angst, den Kunden durch klare Bedingungen abzuschrecken.
Ich zögere notwendige Telefonate hinaus.	Ich habe Angst, mein Anliegen nicht erfolgreich verbal vermitteln zu können. Ich habe Angst, mit meinem Anliegen Erfolg zu haben und dann sehr viel Arbeit zu haben/vor großen beruflichen Herausforderungen zu stehen. Ich habe Angst, dass sich dadurch sehr viel in meinem Leben ändern könnte.
...	...
...	
...	

☞ Gehen Sie bitte anschließend noch einmal die Tabelle durch. Schauen Sie sich Ihre Ängste mit dem nötigen Abstand an. Für wie wahrscheinlich halten Sie es, dass der Kunde sich tatsächlich so verhalten würde? Und wenn er es tun würde: Was wäre daran so schlimm? Wie könnten Sie darauf reagieren?

☞ Glauben Sie, dass Sie mit Ihrer Maske in Bezug auf Ihre Ängste effizient umgehen?

☞ Gehen Sie dabei gut mit Ihren Kunden um? Wie würden Sie sich als Kunde fühlen, wenn Ihnen ein Verkäufer so begegnen würde? Zu welchem Verhalten würden Sie sich ermuntert fühlen?

Der kleine Zerstörer

Wenn Sie sich in diesen Prozess hineinbegeben, also versuchen, Ihre Maske abzulegen und sich Ihren Ängsten zu stellen, dann kommt vieles in Ihnen in Bewegung, was die Maske vorher festgehalten hat. Sie werden lebendiger und Ihre Emotionen treten hervor: Wut, Trauer, Freude, Lust, vielleicht auch Übermut, oft in einem wilden Wechsel. Es kann sinnvoll und wichtig sein, diesen Prozess in professioneller Begleitung zu absolvieren, sei es in einer Gruppe, sei es in einem Einzelcoaching.

Dabei dürfte auch etwas zu Tage treten, was gewöhnlich in unserem Alltag tabuisiert wird und dennoch ständig präsent ist: unsere Negativität, unser »kleiner Zerstörer«. Genau genommen ist es sogar die Lust an der Negativität. Damit ist eine destruktive Kraft gemeint, die den anderen zerstören will, ihn umbringen, in Stücke reißen, Rache üben, ihn austricksen und belügen – durchaus mit einer Lustkomponente. Vielleicht hat diese Kraft mit unserer Stammesgeschichte zu tun, mit Ur-Instinkten des Überlebenskampfes. Und ganz sicher ist es eine zivilisatorische Errungenschaft, dass wir sie nicht ständig ausleben. Aber diese Kraft gehört zu uns und ist in uns, genau wie das Blut, das durch unsere Adern fließt. Es hilft nichts, das zu leugnen. Vielmehr resultieren gerade aus der Leugnung dieser Kraft Fehlleistungen wie Versprecher, Irrtümer oder auch Unfälle.

Freudsche Fehlleistungen

Diese Fehlleistungen werden nach Siegmund Freud auch »Freud'-sche Fehlleistungen« genannt. Freud beschäftigte sich schon 1905 in seiner Publikation Zur *Psychopathologie des Alltagslebens* damit. Auch seine berühmt gewordenen *Vorlesungen zur Einführung in die Psycho-analyse* beginnen mit den Fehlleistungen.[2] Gemeint ist mit diesen Fehl-leistungen, dass ein großer Teil alltäglicher, anscheinend unbeabsich-tigt zustande gekommener Fehler bei näherer Betrachtung Ausdruck unbewusster Absichten ist. Freud führte unzählige Beispiele an, u. a. das aus Fontanes *L'Adultera:* Eine junge Frau will ihrem Ehemann einen Ball zuwerfen, wirft ihn aber »versehentlich« einem daneben ste-henden jungen Mann zu. Rein »zufällig« – sie hatte zu diesem Zeit-punkt noch gar keine entsprechenden bewussten Absichten – wurde dieser junge Mann später ihr Liebhaber. In solchen Fehlleistungen zeigt sich also ein verborgener Konflikt; die Fehlleistung als solche erscheint sinnvoll, wenn man den Konflikt erkennt.

Freud'sche Fehlleistungen

Freud'sche Fehlleistungen sind anscheinend unbeabsichtigt zustande gekommene Handlungsfehler, die bei näherer Betrach-tung Ausdruck unbewusster Absichten und zugrunde liegender Konflikte sind und von daher durchaus Sinn machen.

Es gibt eine Fülle entsprechender Alltagsphänomene, die Sie viel-leicht in Ihrem eigenen Verkaufsalltag auch schon bemerkt haben: Sie können sich nicht entscheiden, ob Sie sich mit einem bestimm-ten Kunden treffen möchten oder nicht, und »vergessen« dann ein-fach den Termin oder die Absage oder kommen zu spät. Oder: Sie möchten einen bestimmten Termin nicht wahrnehmen, fahren doch hin, vergessen aber, wichtige Unterlagen mitzunehmen usw.

Kommen wir zurück auf den unterdrückten Ärger. Auch der macht sich bemerkbar. Sie haben vielleicht schon einmal die Erfah-rung gemacht, dass es schwer ist, sich nach einem Streit zu vertra-gen, wenn Sie noch nicht so richtig »Dampf abgelassen« haben und wichtige Punkte, die Sie geärgert haben, noch nicht ausgesprochen wurden. Wenn Sie sich in solch einer Patt-Situation »um des lieben Friedens Willen« vertragen, reichen oft geringste Anlässe, damit der Streit von neuem aufflammt. Haben Sie sich dagegen so richtig entladen – man spricht hier meist von einem »reinigenden Gewitter« –, können Sie sich auch leichter wieder vertragen. – Es sei denn, Sie haben Ihr Gegenüber im Streit zu sehr verletzt. Das ist dann meistens Ausdruck von lange aufgestauter Wut, die sich unverhältnismäßig stark in diesem Streit entladen hat, ja mitunter in keinem Verhältnis zum eigentlichen Anlass des Streits mehr steht. Sie fühlten sich dann vielleicht veranlasst, mal so richtig grundsätzlich zu werden. Dabei kann viel wertvolles Porzellan zerschlagen werden.

Übertragen auf den Verkauf könnte eine analoge Situation zum Beispiel so aussehen: Im Umgang mit schwierigen Kunden machen Sie vielleicht Ihrem Ärger nicht Luft, sondern schlucken ihn runter und lassen ihn auch hinterher im Auto oder woanders nicht richtig heraus. Mit diesem Ärger gehen Sie dann ins nächste Kundengespräch. Dabei gibt es zwei prototypische Szenarien, die auch gut nacheinander ablaufen können.

1. Sie gehen mit Ihrem aufgestauten Ärger in das Gespräch und tun so, als wäre alles in Ordnung (Maske). Innerlich sind sie aber damit beschäftigt, Ihren Ärger zu kontrollieren. Vielleicht sind Sie aus diesem Grunde sogar besonders anpassungsbereit (Maske). Beides merkt aber auch der Kunde. Und Sie selbst sind abgelenkt und blockiert. Anstatt Ihre ganze Aufmerksamkeit auf das Verkaufsgespräch zu richten, sind Sie damit beschäftigt, Ihre Emotionen in Schach zu halten, wirken unkonzentriert, unecht oder einfach nur seltsam und undurchschaubar (Maske). Das gäbe vielleicht Stoff für eine gute Komödie ab, ist aber denkbar kontraproduktiv für ein Verkaufsgespräch. Der Erfolg wird blockiert. Der Kunde will, dass er gerade hier auf einen Menschen trifft, der ein erkennbares Profil hat und sich nicht bis zur Selbstverleugnung anpasst oder diffus agiert. Dann ist der Verkaufserfolg umso wahrscheinlicher.

2. Irgendwann reicht es Ihnen. Das kann sich so zeigen, dass Sie mit einem Kunden unverhältnismäßig hart verhandeln, weil Sie das Gefühl haben, schon zu vielen Kunden zu weit entgegengekommen zu sein. Das heißt, Sie fühlen sich vielleicht veranlasst, bei diesem Kunden, der mit Ihrer Vorgeschichte überhaupt nichts zu tun hat, »ein Exempel zu statuieren«, weil Sie Konflikte mit anderen Kunden

nicht wirklich ausgefochten haben und zu nachgiebig waren. Das kann so weit gehen, dass Sie überzogene Preisforderungen erheben, Service oder Beratung verweigern oder den Kunden sogar verbal attackieren. Vielleicht haben Sie das auch als Kunde schon einmal erlebt: Sie bringen ein legitimes Anliegen vor, wollen zum Beispiel über den Preis verhandeln und werden plötzlich unverhältnismäßig aggressiv abgekanzelt, zum Beispiel mit Sätzen wie:»Was sind das heute bloß für Kunden! Keiner will mehr für eine Leistung was bezahlen!« So etwas irritiert natürlich Kunden und lässt sie das Weite suchen.

Wichtig ist also, die Dinge, die Sie stören, im jeweils aktuellen Gespräch mit dem Kunden – im Hier und Jetzt – direkt anzusprechen. Und dabei ist es wichtig, dass Sie Ihren Ärger zulassen und angemessen einbringen und ihn nicht hinter Ihrer Verkaufsmaske verbergen.

Bekannt – und nicht unumstritten – ist in der psychosomatischen Literatur auch die sogenannte »Unfallpersönlichkeit«. Damit ist die auffällige Korrelation zwischen emotionaler Gespanntheit und Unfällen angesprochen. Im Kleinen hat das fast jeder einmal erlebt: Sie sind aus irgendeinem Grunde angespannt oder gestresst, haben sich vielleicht gerade über etwas geärgert und schneiden sich »versehentlich« mit einem Messer in den Finger. Der Hintergrund ist auch hier meist ausgedrückte Wut, die dazu führt, dass man sich buchstäblich »ins eigene Fleisch schneidet«. Das heißt, die unausgedrückte Wut wendet sich selbstdestruktiv gegen einen selbst. Sehr ausgeprägt kann man das bei sogenannten Pechvögeln beobachten, oft sehr lieben Menschen, denen ständig irgendwelche unerklärlichen Missgeschicke passieren, die anderen Menschen in ihrem ganzen Leben nicht widerfahren: Sie fallen in offene Gullis, werden gleich mehrfach an einem Tag ausgeraubt, verursachen ungewollt Wasser- oder Brandschäden, fahren das Auto zu Schrott, das sie sich für einen Tag geborgt haben oder brechen sich mindestens einmal im Jahr irgendeinen Knochen.

Auch im Geschäftsleben können einem Fehlleistungen unterlaufen, die manchmal andere, manchmal auch einen selbst schädigen, wenn man sich der zugrunde liegenden Konfliktlagen nicht bewusst ist oder diese verdrängt. Vielleicht haben Sie solche persönlichen Sabotageakte auch schon im Umgang mit Kunden fabriziert, indem Ihnen etwas »Saublödes« passierte, was sonst nie vorkam. Zum Beispiel: Auf dem Weg zum Kunden fahren Sie von einem Stau in den nächsten oder Sie verfahren sich trotz Navigationssystem.

Hans ist in einer solchen Situation auch einmal ein kleiner Unfall auf der Autobahn passiert, indem er in einem Stau seinem Vordermann leicht auffuhr. Zuvor hatte es Unstimmigkeiten mit einem Kunden gegeben, Hans hatte einen Fehler gemacht, war nun noch innerlich damit beschäftigt und exekutierte mit dem Unfall eine Art Selbstbestrafung. Der Fehler, den er sich zwar eingestanden, aber nicht verziehen hatte, stellt hier die nicht aufgearbeitete Konfliktlage dar, die wahrscheinlich zu der Fehlleistung führte. – Das ist natürlich nur eine Deutung und man könnte einwenden, dass Hans vielleicht einfach nur abgelenkt war. Aber wenn man sich auf die Frage einlässt, was sich an nicht bewussten Konflikten in der entsprechenden Situation manifestiert haben könnte, dann kann man sehr viel mehr über sich selbst lernen.

Auch die Motivation für unlautere Geschäftspraktiken dürfte aus dieser Quelle uneingestandener Aggressionen kommen. Es geschehen Manipulationen, Lügen, kleine Betrügereien und Rechtfertigungen. Wir reden uns ein, dass das schon okay ist, obwohl wir wissen, dass es das für den Kunden nicht ist.

Der ›kleine Zerstörer‹

Hinter unserer Maske existiert eine negative Kraft, der »kleine Zerstörer«. Diese Kraft wirkt umso unkontrollierter, je mehr sie geleugnet beziehungsweise maskiert wird. Letztlich ist diese Kraft im Verkauf kontraproduktiv und selbstdestruktiv. Sie verhindert unseren Erfolg auf vielfache Weise: durch Selbstschädigung, durch Schädigung anderer, durch Verärgerung von Kunden, durch Vertrauensverlust bei den Kunden, mitunter auch durch rechtliche Auseinandersetzungen. Es kommt also darauf an, diese zerstörerischen Impulse nicht zu tabuisieren, sondern bewusst zu integrieren. Dazu müssen wir sie aber zunächst kennenlernen, indem wir unsere Maske ablegen und die Impulse zulassen.

Arbeit mit Aggressionen

Es geht darum, dass wir die Verantwortung für unseren kleinen Zerstörer übernehmen und ihn nicht tabuisieren. Wir müssen unsere Aggressionen, unsere Wut, unsere Racheimpulse usw. zur Kenntnis nehmen, wenn sie auftauchen. Zur Kenntnis nehmen heißt: sie wahrnehmen, sie spüren und reflektieren, aber nicht unbedingt gegenüber dem Kunden ausleben. (Auch das kann einmal gegenüber einem unverschämten Kunden sinnvoll sein.)

Wenn Sie also zum Beispiel einen anstrengenden Kunden hatten, der Sie viel Kraft gekostet hat und dann doch abgesprungen ist, dann sollten Sie für sich reflektieren, was das in Ihnen auslöst. Reagieren Sie sich nicht am nächsten Kunden oder an Ihren Mitarbeitern ab. Zu diesem Reflektieren kann gehören, dass Sie in sich Wut aufsteigen spüren. Möglicherweise merken Sie das erst richtig, wenn Sie bewusst darauf achten.

☞ Aber was heißt das und was machen Sie damit? Checken Sie sich selbst. Tendieren Sie dazu, den Kunden für ein »Arschloch« zu erklären? Oder generalisieren Sie sogar »Alle Kunden sind Arschlöcher!«? Fühlen Sie sich unfair behandelt, ausgetrickst? Machen Sie sich insgeheim zum Opfer dieses Kunden?

Die in Ihnen aufsteigende Wut kann Ihnen ein wichtiger Ratgeber sein. Zum Beispiel kann sie signalisieren, dass jemand Ihre Grenzen verletzt hat. Umgekehrt bedeutet das aber, dass Sie zugelassen haben, dass dieser Kunde Ihre Grenzen überschritten hat, ja ihn vielleicht geradezu dazu ermuntert haben. Ihre Wut könnte Ihnen also z. B. signalisieren, dass Sie zu nachgiebig, zu entgegenkommend waren und Ihre Grenzen nicht beachtet haben. Dann können Sie sich fragen warum. Ist es Ihnen so wichtig, vom Kunden gemocht zu werden? Können Sie nicht Nein sagen? Haben Sie Angst, zu wenig zu verkaufen?

☞ Legen Sie sich am besten eine Tabelle an, die Sie täglich mit sich führen. Immer wenn Sie sich frustriert fühlen oder spüren, dass Sie etwas geärgert hat, versuchen Sie zu ergründen, was genau Sie frustriert hat. Das wird für Sie vielleicht gar nicht so einfach sein. Es geht dabei darum, den springenden Punkt hinter dem Offensichtlichen zu finden. Also nicht nur hinzuschreiben, dass Sie geärgert hat, dass der andere »so ein Arschloch« ist, sondern warum »dieses Arschloch« Sie so ärgern konnte. Was hat er damit in Ihnen getriggert, welche verletzliche Seite angesprochen? Schauen Sie sich dazu auch die Beispiele in der Tabelle an.

Frustrierende Situation	Gefühl	Springender Punkt
Ein Kunde hat mich viel Zeit gekostet (Beratung, Probefahrt, Sonderwünsche, Erörterung von Finanzierungsmöglichkeiten, zahlreiche Telefonate) und ist dann abgesprungen.	Ohnmächtige Wut	Ich habe zugelassen, dass er mich ausnutzt, meine Grenzen überschreitet. Ich bin über meine Grenzen gegangen.
Ein Kunde hat mich »knausrig« genannt.	Unverhältnismäßig starke Wut; ich hätte ihn schlagen können und war hinterher noch ganz durcheinander.	Das sagt mir meine Frau auch immer. Ich weiß aber nicht, was ich falsch mache und wie ich das ändern könnte. Ich fühle mich hilflos in diesem Punkt. Vielleicht sollte ich andere um Rat fragen.
...	...	...

Reflektierte Wut als Ratgeber

Unsere aufsteigende Wut kann uns zu Verhaltensänderungen führen, wenn wir sie wahrnehmen und reflektieren. Wenn wir allerdings diese Seite unseres kleinen Zerstörers zum Tabu erklären und hinter einer Maske vor anderen, aber auch vor uns selbst verbergen, fehlt uns dieser wichtige Ratgeber. Dann kann es vielleicht passieren, dass wir eines Tages ausgebrannt und entnervt alles hinwerfen. Vielleicht bekommen wir auch ein Magengeschwür oder eine andere Krankheit.

Entladung

Die andere Seite ist, dass es auch wichtig für uns ist, etwas mit dieser aufsteigenden Energie der Wut zu machen. Wir können sie zum einen dazu nutzen, Dinge, die wir als veränderungswürdig erkannt haben, zu verändern. Es ist aber wichtig, sich von der Wut zu entladen, d. h. sie loszuwerden. Dazu gibt es verschiedene Möglichkeiten.

☞ Wir empfehlen Ihnen, sich ab und zu von der entstandenen Anspannung zu entladen. Wenn Sie sich zum Beispiel mal über einen Kunden sehr geärgert haben, schreien Sie Ihre Wut einmal richtig heraus! Das machen Sie am besten, wenn Sie alleine sind, zum Beispiel im Auto, in Ihrem Haus oder irgendwo im Wald. Wenn Sie es im Auto tun, z. B. »ins Lenkrad beißen«, sollten Sie vorher anhalten, damit Sie die Kontrolle auch wirklich loslassen können und keine Unfallgefahr heraufbeschwören.

Das Herausschreien der Wut kann eine wunderbar befreiende, erleichternde Wirkung haben. Probieren Sie es einfach aus. Sollten Sie dazu zu gehemmt sein und sich blockiert fühlen, so ist das ein sicheres Indiz dafür, wie erleichternd das Herausschreien Ihrer Wut für Sie sein könnte.

Schreien Sie auch Worte und Gedanken, die Ihnen kommen, heraus, z. B.: »Ich bringe dich um!«, »Ich mache dich fertig!« usw., aber setzen Sie das bitte nicht in die Tat um. Schreien Sie möglichst unkontrolliert und ohne langes Nachdenken. Sie können Ihrer Wut auch einfach freien Lauf lassen, indem Sie ein lang gezogenes »Aaaaaa« laut herausschreien. Sie brauchen keine Angst zu haben. Das Entladen der Wut, wenn Sie alleine sind, führt eher dazu, dass Sie andere Personen nicht schädigen. Die Wirkung ist, dass diese Wut nicht der nächste Kunde oder Ihr Partner zu Hause abbekommt.

Hilfreich ist es auch, wenn Sie dazu mit Ihren Fäusten auf ein Kissen oder eine Matratze schlagen oder richtiggehend gegen einen Sandsack boxen (Letzteres am besten mit Boxhandschuhen, damit

Sie sich nicht verletzen) oder auf einen sogenannten »Wutwürfel« aus Schaumgummi einschlagen und eintreten. Wenn Sie so etwas nicht haben, können Sie auch wie Rumpelstilzchen im Wald herumspringen und Steine oder Stöcke werfen. Das kann sehr lustvoll sein. Wir wissen, dass Sie uns spätestens jetzt für verrückt halten, aber es hilft und, wir tun es selbst.

Entladung

Von Zeit zu Zeit seine Wut zu entladen, kann ungeheuer befreiend sein und ist wichtig für die psychische und körperliche Gesundheit. Sich von seiner Wut in einem geschützten Rahmen zu entladen, heißt auch, Verantwortung für seine Emotionen wahrzunehmen und nicht andere Menschen zum »Blitzableiter« zu machen.

Nutzen Sie aber auch die Energie der Wut, um Dinge, die Sie als veränderungswürdig erkannt haben, zu verändern. Auch das ist Entladung.

Auflösung des Gefühlsstaus

Typischerweise werden Sie ein regelrechtes Wechselbad der Gefühle durchmachen: zuerst Wut, dann aber vielleicht ein Lachen. Sadistische Impulse, vielleicht auch Schmerz und Verzweiflung können hochkommen. Weinen Sie sich richtig aus, wenn Ihnen danach ist. Und wenn dann wieder die Wut kommt, treten und schlagen Sie zu. Auch dies kann unter fachlicher Anleitung besser gehen, aber es geht im Prinzip auch allein.

Welche Erfahrungen machen Sie dabei? Spüren Sie Hemmungen und Blockaden? Kommen alter Schmerz und Trauer hoch, plötzliche (unerwartete) Erinnerungen an längst vergangene Situationen? Oder vielleicht danach auch Lust und ein Hochgefühl? Alles ist möglich.

Verfallen Sie in Anklagen und machen Sie sich selbst zum Opfer? (»Du Schwein hast mich betrogen/mir die Zeit gestohlen!« usw.) Dann sind Sie immer noch in Ihrer Maske.

Und noch etwas Überraschendes tritt in der Regel zu Tage: Sie können auch positive Gefühle unbefangener ausdrücken. Sie werden förmlich befreit. Sie können viel leichter und echter lächeln, freundlich und liebevoll sein. Das geht in der Regel aber erst, wenn die Wut zu ihrem Recht gekommen ist. Unsere Gefühle sind gewöhnlich ständig im Fluss. Versucht die Maske, diesen natürlichen Fluss zu unterdrücken und zu kontrollieren, gibt es einen Stau – wie auf der Autobahn. Dabei bleibt nicht nur das eine Gefühl stecken, das kontrolliert werden soll, sondern alle. Wir ersticken unsere Lebendigkeit. Lassen wir die unterdrückten Gefühle dagegen zu, kommen auch die anderen Gefühle wieder in Fluss. Der Stau löst sich auf.

Klarheit und Authentizität

Testen Sie es aus. Machen Sie sich Notizen. Momente der Wut sind oft Momente großer geistiger Klarheit. Wir sind dann weniger kompromissbereit und nahe bei uns, bei unseren ureigensten Impulsen. Das haben Sie vielleicht schon einmal in Streitsituationen erfahren, in denen Sie dem anderen mal so richtig die Meinung sagten, sie vielleicht auch hinausschrien. Nicht selten fühlt man sich nach so einem reinigenden Gewitter befreit. In solchen Momenten sind wir nicht so vernebelt von den Konstruktionen der Maske, die einem die klare Sicht auf sich selbst und die anderen verstellen.

> Durch das Entladen der Wut kann sich auch der übrige Gefühlsstau auflösen. Typischerweise macht man einen rasanten Wechsel verschiedener Gefühle durch. Auch Erinnerungen oder Bilder können plötzlich auftauchen. Alles ist möglich. Danach befindet man sich aber in der Regel in einem Zustand großer emotionaler und geistiger Klarheit und kann sich selbst besser akzeptieren – eine wichtige Voraussetzung für authentisches Verkaufen.

Der wahre Kern

Erst wenn wir die Maske ablegen und die ständige Kontrolle und Manipulation unserer Gefühle aufgeben, kommt unser positiver innerer Kern zur Geltung und kann erstrahlen. Das ist das Glück der Authentizität. Wir laufen nicht wie ein Schatten unserer selbst herum, sondern sind echt und leidenschaftlich, ohne versteckte Aggressionen, Intrigen, Rachegelüste etc. Wir haben nichts zu verbergen und brauchen nicht auf der Hut davor zu sein, der andere könnte etwas davon merken. Der Kunde empfindet uns dann als vertrauens- und glaubwürdig.

In jedem von uns gibt es einen positiven, wahren Kern, der danach dürstet, sich entfalten und zeigen zu können. Er macht den eigentlichen Sinn unserer Existenz aus. Leider ist er nur allzu oft hinter unserer Maske und all dem Gestrüpp aus unterdrückten Gefühlen verborgen, entstellt oder zumindest erheblich in seiner Ausstrahlung gehemmt. Unserer Erfahrung nach haben die meisten Menschen eine Ahnung davon und eine große Sehnsucht, diesen ganz individuellen positiven Wesenskern von sich zeigen zu können. Dazu gehören solche Eigenschaften wie Liebe, Altruismus, Streben nach Wahrheit, Schönheit und Gerechtigkeit. Dazu gehören aber auch unsere ganz individuellen Talente, die spezifische individuelle Mischung und Ausprägung menschlicher Eigenschaften, die nur wir besitzen. Kinder bringen sie noch ganz selbstverständlich und unzensiert zum Ausdruck. Das macht sie so bezaubernd. Es kann unendlich beglückend sein, sich wieder mit dieser ursprünglichen, spontanen Kraft zu verbinden. Das bedeutet nicht, dass wir kindisch werden, sondern einfach lebendiger und glücklicher – und authentischer.

Der wahre Kern

Nach dem Ablegen der Maske und der Auflösung des Gefühlsstaus kann unser eigentlicher positiver innerer Kern zur Geltung kommen und erstrahlen. Das ist das Glück der Authentizität, auch im Verkauf. Das ist Ihre Verkäuferpersönlichkeit. Wenn Sie Ihren authentischen Kern erstrahlen lassen, dann sind Sie Ihr Original. In jedem von uns gibt es so einen Kern, er macht den eigentlichen Sinn unserer Existenz aus und dürstet danach, sich zu zeigen.

☞ Was macht Ihren individuellen positiven Kern aus? Welches sind Ihre besonderen Talente? Welche ganz individuelle Mischung von Eigenschaften haben Sie, mit der Sie dieser

Welt etwas Positives geben können? Machen Sie ein kurzes Brainstorming (2 Minuten). Wie könnten Sie das in den Verkauf einbringen? (2 Minuten)

☞ Diese Übung funktioniert noch viel besser, wenn Sie sich zuvor von Ihrer Wut entladen haben. Probieren Sie es aus.

Zusammenfassung

Die Maske verstellt unseren wahren Kern und hält uns in Ängsten längst vergangener Zeiten gefangen, häufig ohne dass wir das merken würden. Sie dient auch dazu, unsere Gefühle und unseren Selbstausdruck zu kontrollieren und zu manipulieren. Und damit manipulieren wir auch unsere Kunden und lösen unerwünschte Reaktionen aus.

Die Maske hält auf der einen Seite sogenannte »negative« Gefühle wie Wut, Aggressionen, aber auch Trauer und Schmerz zurück. Sie blockiert andererseits aber auch unsere positiven Seiten, unsere Lebensfreude und Lebenskraft.

Die ursprünglichen Impulse tendieren trotzdem dazu, sich auszudrücken, werden aber oft durch die Maske verdreht und entstellt auf eine sehr verquere Weise. Dadurch entsteht viel Konfusion und »Kuddelmuddel«, die kaum zu entwirren sind. Der einfachste Weg zu Klarheit zu gelangen, ist deshalb, die Maske abzulegen und die ursprünglichen Impulse zu ihrem Recht kommen zu lassen. Lassen Sie Ihre tabuisierten Gefühle in einem sicheren Rahmen heraus und lernen Sie sie kennen. Es geht nicht darum, sich gegenüber Ihren Kunden destruktiv zu verhalten, sondern darum, Ihre innere Wahrheit kennenzulernen. Dann haben Sie die Freiheit, auch authentisch Ihre positive Seite zum Strahlen zu bringen, die Ihnen den gewünschten Verkaufserfolg sichert.

6
Wie setze ich das um?
Vom guten Vorsatz zur guten Tat

Nun wissen Sie schon sehr viel darüber, wie Sie Ihre Authentizität im Verkauf strahlen lassen können. Sie müssen »nur« Ihre Maske beiseitelegen, Ihren kleinen Zerstörer sich austoben lassen, und dann sind Sie frei, um offen, freundlich und vorurteilslos auf Ihre Kunden zuzugehen.

Ist das wirklich so einfach? Nicht ganz. Auch wenn Sie sich Ihren Ängsten vor Veränderung gestellt haben, erfordert Veränderung Zeit und Geduld. Sie müssen sich auf einen Prozess der Reifung und Entwicklung einlassen, der wie alle Wachstumsvorgänge seine natürlichen Rhythmen hat. Der Zeitbedarf ist dafür individuell und phasenweise verschieden. Mal geht es schnell, mal geht es langsam. Sie können nicht über Nacht tief sitzende Verhaltensmuster ändern, die sich über all die Jahrzehnte Ihres bisherigen Lebens entwickelt haben. Aber Sie können sich ändern, Sie können sich entwickeln!

Fangen Sie an

Das Wichtigste zuerst: Fangen Sie an. Wenn Sie so weitermachen wie bisher, wird sich auch nichts ändern. Schauen Sie sich dazu am besten die drei Merkmale einer authentischen Verkäuferpersönlichkeit an, die Sie am Ende des Einleitungskapitels für sich ausgewählt haben, um an ihnen zu arbeiten. Sagen wir beispielsweise, Sie wollen an Ihrer Echtheit arbeiten, im Verkauf wahrhaftiger werden. Was heißt das für Sie konkret? In welchen konkreten Situationen Ihres Verkaufsalltages sind Sie nicht wahrhaftig, also unecht? Sie wissen es nicht? Dann könnten Sie beispielsweise damit beginnen, sich solche Situationen zu notieren, wenn Sie im Alltag darüber stolpern. Meist merken Sie es vielleicht erst hinterher, in der Rückschau, dass

Authentisch verkaufen. Hans Vialon und Göran Hajek
Copyright © 2008 WILEY-VCH Verlag GmbH & Co. KGaA, Weinheim
ISBN: 978-3-527-50355-1

Sie nicht echt waren oder sich verbogen haben, um an einen Auftrag zu kommen. Sie könnten sich also vornehmen, darauf zu achten, ob Sie in Verkaufssituationen Sie selbst sind, echt und überzeugend wirken oder ob Sie eine Maske tragen und Gefühle, die in Ihnen vorgehen, zu verbergen versuchen.

☞ Notieren Sie Situationen, in denen Sie sich im Verkaufsalltag nicht authentisch verhielten. Beschreiben Sie so explizit und konkret wie möglich, was in Ihnen vorging. Wie fühlten Sie sich zu Beginn der Situation, wie während der Situation und wie zu deren Ende? Was haben Sie gesagt oder gemacht? Was hat der Kunde oder Geschäftspartner gesagt oder gemacht?

☞ Was hätten Sie aus der Rückschau heraus lieber anders gemacht und, warum haben Sie es nicht anders gemacht? Welche Angst/ Hemmung hat Sie zurückgehalten, anders vorzugehen?

Wenn Sie sich das vornehmen, werden Sie automatisch Ihre Aufmerksamkeit darauf lenken und vermehrt solche Situationen bemerken. Das ist gut. Lassen Sie sich dadurch nicht verunsichern. Sie sind noch ein genauso guter oder schlechter Verkäufer wie vorher, nur jetzt merken Sie's.

Mitunter gibt es so etwas wie eine Anfangsverschlechterung, wenn man sich auf einen Veränderungsprozess einlässt. Lassen Sie sich auch dadurch nicht irritieren. Das bedeutet nur, dass die Dinge in Bewegung kommen – also im Prinzip etwas Gutes. Schon bald wird die Veränderung die richtige Richtung einschlagen.

Geben Sie sich eine Chance

Nachdem Sie angefangen haben, sich zu verändern, ist es wichtig, dass Sie nicht wieder damit aufhören. So banal es klingt, so wichtig ist es doch, diesen Grundsatz zu beachten. Denn gerade wenn die Veränderung beginnt, steigern sich auch unsere Widerstände.

Das können Sie leicht bei sich selbst überprüfen, nachdem Sie begonnen haben. Nehmen Sie dazu noch einmal die Checkliste 4 »Meine Ängste und Widerstände vor Veränderung als Verkäufer« zur Hand. Welche Tendenzen stellen Sie bei sich fest? Haben Sie vergessen, darauf zu achten, ob Sie in der Verkaufssituation echt waren? Haben Sie vielleicht sogar vergessen, dass Sie darauf achten wollten? Haben Sie einen Anfangserfolg erzielt und dann gedacht, »Das ist ja sehr leicht«, und dann die Sache ad acta gelegt? Der Möglichkeiten sind viele.

☞ Gehen Sie einmal wöchentlich die Checkliste 4 »Meine Ängste und Widerstände vor Veränderung als Verkäufer« durch. Gibt es Veränderungen oder zeigen sich hartnäckig immer wieder die gleichen Widerstände?

Was Sie brauchen, ist eine Art Ritual, das sicherstellt, dass Sie kontinuierlich an Ihrem Prozess dranbleiben. Geben Sie sich selbst eine Chance! Dieses Ritual sollte eine Form von täglicher Besinnung auf Ihre Veränderungsziele beinhalten, eine Form der Meditation.

So fangen Sie an

Der Anfang scheint banal zu sein, ist aber sehr wichtig: Um sich zu einem authentischen Verkäufer zu entwickeln, müssen Sie mit dem Veränderungsprozess beginnen und darauf achten, dass Sie nicht wieder aufhören. Greifen Sie sich die Merkmale einer authentischen Verkäuferpersönlichkeit heraus, an denen Sie arbeiten wollen, und beobachten Sie in Ihrem Verkaufsalltag, wie Sie sich in Bezug auf diese Merkmale verhalten.

Dabei sollten Sie sich Ihrer Ängste und Widerstände bewusst werden und für sich ein Ritual finden, das Ihnen hilft, bei der Stange zu bleiben und Ihre Veränderungsziele nicht aus dem Auge zu verlieren.

Morgenseiten

Wir empfehlen Ihnen, sogenannte Morgenseiten zu schreiben. Das ist eine Methode, die von Julia Cameron zur Entfaltung der individuellen Kreativität empfohlen wird.[1] Die Methode ist aber unseres

Erachtens weit darüber hinaus ein wichtiges Instrument der Selbst-unterstützung und -reflexion bei Veränderungsprozessen.

Was ist mit den Morgenseiten gemeint? Sie sollen sich jeden Morgen einige Minuten sammeln und darauf konzentrieren, was in Ihnen vorgeht, und das möglichst unzensiert und spontan aufschreiben. Achten Sie darauf, in welcher Stimmung Sie sind, was Ihnen durch den Kopf geht usw. Es ist aber auch wichtig, dass Sie sich dabei zu dem in Beziehung setzen, was um Sie herum vorgeht. Und schließlich, nachdem Sie sich solcher Art in der Welt verortet haben, sollen diese Morgenseiten auch dazu dienen, Ihren Verkaufsalltag zu strukturieren, Prioritäten zu setzen und zu reflektieren, wie weit Sie in Ihrem Veränderungsprozess gekommen sind und was Sie sich für den laufenden Tag vornehmen, um weiter daran zu arbeiten.

Wenn Ihnen nichts einfällt, dann schreiben Sie: »Mir fällt nichts ein, was ich in meinen Morgenseiten schreiben könnte. Warum fällt mir nichts ein?« usw. Oder: »Ich will diese blöden Morgenseiten nicht schreiben.« Lassen Sie alles raus, auch Schimpfwörter, die Ihnen einfallen. Aber lassen Sie natürlich auch das Positive zu, Ihre Sehnsüchte und Erfolge. Loben Sie sich ruhig selbst. Negativ sind wir oft genug.

Innehalten und Orientieren auf dem Weg

Es ist also eine Art Innehalten, wie wenn Sie auf einer Wanderung sind und eine kurze Rast einlegen. Auch da schauen Sie sich um, wo Sie sind. Sie überprüfen, wie Sie sich fühlen, was Sie an Wegstrecke zurückgelegt haben. Sie überlegen aber bestimmt auch bei so einer Rast, was Sie als Nächstes tun wollen, wie viel Weg Sie sich an diesem Tag noch zumuten wollen. Vielleicht müssen Sie auch die Karte zu Hilfe nehmen, um festzustellen, wo Sie sind und wohin Sie weitergehen müssen. Das alles können Sie sinngemäß auch in Ihren Morgenseiten tun. Sie helfen Ihnen, Kurs zu halten oder auch, Ihren Kurs zu korrigieren.

Ehrlichkeit

Ehrlichkeit ist – wie Sie im dritten Kapitel gesehen haben – gerade im Verkauf eine besonders wichtige Angelegenheit. Unehrlichkeiten merkt der Kunde schnell. Fangen Sie also bei sich selbst an. Schreiben Sie in Ihren Morgenseiten alles ehrlich auf, was sich spontan in Ihnen an Gedanken und Gefühlen regt. Zensieren Sie sich nicht selbst. Schreiben Sie diese Seiten nur für sich selbst und nicht für einen imaginären anderen Leser. Das wird vielleicht besonders schwer für Sie sein. Sollten Sie das bemerken, können Sie auch das zu einem Thema Ihrer Morgenseiten machen.

Zeigen Sie Ihre Morgenseiten auch niemand anderem. Unerwünschtes Feedback von anderen könnte Sie zu diesem frühen Zeitpunkt verunsichern oder gar entmutigen. Außerdem geht es darum, dass Sie ehrlich zu sich selbst sind. Sie schreiben die Morgenseiten nicht für jemand anderen. Unterbrechen Sie sich, sobald Sie Tendenzen bemerken, sich etwas vorzumachen, Fakten zu beschönigen oder wichtige Dinge und Gefühle wegzulassen. Sie sehen, das Schreiben der Morgenseiten hat durchaus einen Doppelcharakter. Es ist einerseits ein Ritual, das Ihnen helfen soll und hilft, kontinuierlich in Ihrem Veränderungsprozess zu bleiben. Es ist andererseits auch zugleich eine Übung in Authentizität, und zwar sich selbst gegenüber.

Stimmen und Facetten Ihrer Persönlichkeit

Es ist gut möglich und auch sehr wahrscheinlich, dass Ihnen äußerst widersprüchliche Dinge durch den Kopf gehen und verschiedenste Gefühle in schneller Abfolge auftauchen. Mitunter scheinen sich verschiedene Seiten Ihrer Persönlichkeit regelrecht zu streiten. Auch das ist normal. Unterdrücken Sie das nicht, sondern schreiben Sie alles auf, was hochkommt. Wir Menschen sind widersprüchliche Wesen und nicht perfekt. Dies anzuerkennen ist ein wichtiger Schritt zur Stärkung Ihrer Authentizität. Eigentlich lieben Sie Ihre Partnerin/Ihren Partner. Aber heute Morgen nervt sie/er einfach fürchterlich. Sie könnten sie/ihn am liebsten umbringen oder zumindest aus dem Haus werfen. Wenn es so ist, dann ist es so. Dadurch, dass Sie es in Ihren Morgenseiten verheimlichen, wird es nicht anders. Schreiben Sie es also auf, erkennen Sie Ihre subjektive Wahrheit an. Mag sein, dass sich das in fünf Minuten schon wieder ganz anders darstellt, aber jetzt ist es so. Auch gegenüber Ihren Kunden werden Sie gelegentlich starke Gefühle haben. Werden Sie sich darüber klar und schreiben Sie alles auf.

Möglicherweise hilft es Ihnen, den verschiedenen Facetten Ihrer Persönlichkeit Stimmen und Namen zu geben und sie wechselweise zu Wort kommen zu lassen. Da gibt es vielleicht den Musterverkäufer, der alles richtig machen möchte, den Moralisten, aber auch vielleicht den Erfolgsverhinderer. Es gibt vielleicht einen Egoisten, einen Verführer, einen Süchtigen, einen Welterlöser und einen Liebenden. Lassen Sie sie alle zu Wort kommen. Sie werden dabei sicherlich auf so manche Seite Ihrer selbst stoßen, die Sie ganz klar der Maske, Ihrem kleinen Zerstörer oder Ihrem authentischen Selbst zuordnen können.

Offenheit

Reduzieren Sie aber bitte nicht Ihre Morgenseiten auf dieses Schema. Sondern bleiben Sie einfach offen für das, was in Ihnen hochkommt. Dabei meldet sich gewöhnlich auch eine Stimme, die man den Fragesteller nennen könnte. Sie ist von enormer Bedeutung für Ihren Veränderungsprozess. Sie könnte sich beispielsweise vorsichtig mit den Worten melden: »Ich frage mich, ob ich nicht dieses oder jenes in meinem Verkaufsalltag anders machen könnte.« Dieses »Ich frage mich ...« kann in vielfältigen Kontexten auftreten. Notieren Sie sich die Fragen in Ihren Morgenseiten, auch wenn Sie momentan noch keine Antwort wissen. Die Antworten werden sich schneller einstellen, als Sie vielleicht glauben. Oft geschieht das schon im nächsten Augenblick oder im Laufe des aktuellen Tages. Das innere Zulassen der Frage schärft Ihre Aufmerksamkeit für die Antworten.

Julia Cameron besteht in ihrem Buch darauf, dass Sie unbedingt drei DIN A4-Seiten schreiben sollen. Nicht mehr und nicht weniger. Und wir finden das auch. Sie brauchen dafür je nach Schreibgeschwindigkeit ungefähr 20 bis 30 Minuten. Wenn Sie jetzt sagen, diese Zeit habe ich nicht, dann sollten Sie dabei bedenken, dass es sich lohnt. Es wird sich durch mehr Lebenszufriedenheit und Verkaufserfolge auszahlen. Sie holen die Zeit im Laufe des Tages locker wieder rein, weil Sie strukturierter sind.

Auch die drei Seiten sind wichtig. Oft kommen die wichtigsten Impulse erst auf der letzten Seite, nachdem Sie vielleicht vorher an einen toten Punkt gekommen sind, an dem Ihnen nichts mehr einfiel, was Sie notieren könnten. Und es ist wichtig, dass Sie die Seiten morgens schreiben, damit Sie eine strukturgebende Wirkung für den laufenden Tag haben.

Natürlich ist es besser, weniger Seiten und etwas kürzer an den Morgenseiten zu schreiben, als gar keine Morgenseiten zu schreiben. Und wenn Sie partout morgens keine Zeit dafür finden, sollten Sie sie zumindest zu einer anderen Tageszeit schreiben. Aber die besten Ergebnisse erzielen Sie, wenn Sie es wie angegeben machen.

Morgenseiten

Wir empfehlen Ihnen, als tägliches Ritual zur Begleitung Ihres Veränderungsprozesses »Morgenseiten« zu schreiben. Dabei handelt es sich um eine unzensierte Momentaufnahme, wie es Ihnen gerade geht, in welcher Stimmung Sie sind, was Ihnen durch den Kopf geht und so weiter. Es ist aber auch wichtig, dass Sie sich dabei zu dem in Beziehung setzen, was um Sie herum vorgeht. Und schließlich dienen die Morgenseiten auch dazu, Ihren Verkaufsalltag zu strukturieren, Prioritäten zu setzen und zu reflektieren, wie weit Sie in Ihrem Veränderungsprozess gekommen sind und was Sie sich für den laufenden Tag vornehmen, um weiter daran zu arbeiten.

Von elementarer Wichtigkeit ist dabei, dass Sie sich nichts vormachen, sondern offen und ehrlich zu sich selbst sind. So ist das Schreiben der Morgenseiten gleichzeitig eine Übung in Authentizität. Lassen Sie alle Facetten Ihrer Persönlichkeit zu Wort kommen, gerade auch Fragwürdiges und Unfertiges. Das Aussprechen beziehungsweise Aufschreiben hilft Ihnen bei der inneren Klärung.

☞ Schreiben Sie täglich drei Din-A4-Seiten lang Ihre Morgenseiten.

☞ Finden Sie für sich ein Ritual, das Sie immer wieder in die
bewusste Reflexion führt und Ihren Willen, sich zu verändern,
fest verankert. Was könnte das sein? Dieses Buch? Ein Bild
von einem authentisch wirkenden Verkäufer? Eine Melodie,
ein Geruch, eine Farbe?

> »Unser Denken und Fühlen
> ist ein ›unsichtbarer Magnet‹,
> der alles unaufhörlich anzieht,
> was in der Welt mit ihm übereinstimmt.«[2]
>
> *Kurt Tepperwein*

Affirmationen

Eine weitere wirkungsvolle Methode, Veränderungsprozesse zu
unterstützen, sind Affirmationen. Was ist das? Affirmationen sind
bejahende Aussagen. Dabei formulieren Sie Ihr Ziel so, als hätten
Sie es schon erreicht, also immer in der Gegenwart. Sie sagen also
zum Beispiel nicht: »Ich werde ein authentischer Verkäufer sein.«
Sondern Sie sagen: »Ich bin ein authentischer Verkäufer.« Das ist
wichtig, um Ihre mentalen Kräfte jetzt, in diesem Moment, zu mobilisieren und das nicht unbewusst auf einen späteren Zeitpunkt zu
verschieben.

Selbstkonfrontation

Dabei werden Sie auch mit Widersprüchen konfrontiert, die Sie so
nicht erleben, wenn Sie die Aussage in der Zukunft formulieren.
Wenn Sie zum Beispiel sagen: »Ich schreibe regelmäßig meine Morgenseiten« und dies aber tatsächlich gar nicht tun, dann werden Sie
den Widerspruch bemerken und vielleicht zu einer Veränderung
Ihres Handelns kommen. Wenn Sie aber sagen: »Ich werde meine
Morgenseiten regelmäßig schreiben«, dann ist das eine Aussage, der

Sie immer zustimmen können, ohne irgendetwas an Ihrem Handeln zu ändern. Ganz ähnlich ist dies bei Süchten. Das Wahrnehmen und Erleben der Widersprüche ist also eine wesentliche motivierende Kraft.

Einige Trainerkollegen arbeiten mit Affirmationen, lösen aber die möglichen Widersprüche nicht auf, die dabei auftreten können. Wenn diese nicht aufgelöst werden, bleibt der Erfolg aus.

☞ Affirmieren Sie täglich oder zumindest so oft Sie können und wollen. Wenn Sie affirmieren, dann tun Sie das am besten mit lauter Stimme und vor einem Spiegel. Stellen Sie sich ungefähr einen halben bis einen Meter vor den Spiegel und schauen Sie sich direkt ins Gesicht. Und dann sagen Sie sich beispielsweise:»Ich bin ehrlich zu mir selbst. Ich wirke durch meine Authentizität so positiv auf meine Kunden, dass mein Erfolg von Tag zu Tag wächst.« Durch den Blickkontakt im Spiegel und durch die Qualität Ihrer Stimme werden Sie sofort feststellen, ob das stimmt. Wiederholen Sie die Affirmationen mehrmals.

Arbeit mit Kommentarstimmen

Typischerweise melden sich beim Affirmieren Kommentarstimmen in Ihnen. Die sagen dann solche Sachen wie:»Das glaubst du ja selbst nicht«, »Du spinnst ja«, »Schön wär's«, »Ich hätte nie geglaubt, dass ich einmal so einen Blödsinn machen würde« oder »Das funktioniert sowieso nicht«. Legen Sie sich einen Schreibblock und einen Stift bereit, um diese Kommentarstimmen zu notieren. Sie enthalten wertvolle Informationen. Es sind gewissermaßen abwehrende Einwände, mit denen Sie aber ein bisschen anders umgehen müssen als bei der Einwandbehandlung mit dem Kunden.

☞ Notieren Sie Ihre Kommentarstimmen und analysieren Sie den Inhalt. Welche Themen kommen darin zum Ausdruck?

Innere Klärung und Zielorientierung

Wenn Sie sich die notierten Einwände beziehungsweise Kommentare anschauen, werden Sie wahrscheinlich gewisse Gemeinsamkeiten entdecken. Eine typische und – zumindest in unserer westlichen Kultur – bei fast jedem Menschen auftretende Gemeinsamkeit ist die der eigenen Abwertung. »Ich bin nicht gut genug« ist eine der häufigsten Überzeugungen. Wenn Sie dies feststellen, dann können und sollten Sie den Fokus Ihrer Affirmationen zunächst verändern. Sie könnten dann beispielsweise affirmieren: »Ich löse mich von dem Bedürfnis, mich selbst abzuwerten.« Wenn Sie das ernsthaft tun und sich dabei in die Augen schauen, kann das große Emotionen auslösen. Gut möglich, dass Sie spontan anfangen zu weinen oder dass es Sie regelrecht durchschüttelt. Es kann auch sein, dass Sie sehr wütend werden auf jemanden, der Sie in der Vergangenheit abgewertet hat. Dann sollten Sie dieser Wut auch in der oben beschriebenen Weise Ausdruck verleihen. Es kann auch sein, dass Sie die Affirmationen mit Freude und Liebe für sich selbst erfüllen. Alles ist möglich.

☞ Affirmieren Sie wiederholt und beobachten Sie die dabei auftretenden Veränderungen.

Sehr weit sind Sie schon gekommen, wenn Sie mit innerer Überzeugung affirmieren können: »Ich liebe mich so wie ich bin, insbesondere als Verkäuferpersönlichkeit.«

☞ Immer, wenn Sie beim Affirmieren innere Widerstände feststellen und negative Kommentarstimmen auftreten, sollten Sie dem nachgehen und eine thematisch passende Affirmation zu diesen Widerständen formulieren. Erst wenn Sie auf eine Affirmation innerlich mit Zustimmung reagieren und Ihre diesbezüglichen Gefühle zu Tage getreten sind, sollten Sie wieder die ursprüngliche Affirmation versuchen.

Affirmieren Sie immer positiv formuliert, benennen Sie klar und deutlich den angestrebten Zustand. Wenn Sie ein Ziel in der Verneinung formulieren, dann lenkt das Ihre Aufmerksamkeit auf den Zustand, den Sie eigentlich vermeiden wollen. Sagen Sie also beispielsweise nicht: »Ich bin den Kunden gegenüber nicht mehr schüchtern.« Sondern sagen Sie: »Ich bin selbstbewusst und strahle das gegenüber meinen Kunden auch aus.«

Affirmationen

Affirmationen sind bejahende Aussagen, bei denen Sie Ihr Ziel so formulieren, als hätten Sie es schon erreicht, also immer in der Gegenwart. Affirmationen sind eine wirkungsvolle Methode, Veränderungsprozesse zu unterstützen. Dabei konfrontieren Sie sich selbst mit Widersprüchen zwischen Ihrem affirmierten Ziel und Ihrem realen gegenwärtigen Verhalten. Wichtig ist, dass Sie mit diesen Widersprüchen bewusst arbeiten und sie als Motivation für weitere Veränderungsschritte nutzen. Gehen Sie auch »Kommentarstimmen« nach, die häufig Ausdruck von Selbstablehnung und inneren Widerständen sind. Formulieren Sie Ihre Affirmationen stets positiv.

Affirmationen funktionieren

Affirmationen dienen unterschiedlichen Zwecken. Zum einen dienen sie in der eben beschriebenen Weise der Selbstkonfrontation und inneren Klärung. Zum anderen dienen sie aber auch der Ausrichtung unserer Aufmerksamkeit und unseres Geistes auf Ziele. Wir fokussieren dann unsere Kräfte leichter auf unsere Ziele. Beide Aspekte des Affirmierens sind wichtig. Es reicht nicht aus, wenn Sie nur nach außen gerichtet sind und den inneren Klärungsprozess vernachlässigen. Wenn Sie beides beachten, strahlen Sie auch entsprechende Energien aus, die mit dem Äußeren in Resonanz treten können und entsprechende Ereignisse und Personen anziehen.

Das eben Gesagte mag bei Ihnen großen Widerspruch hervorgerufen haben. Aber unserer Erfahrung nach funktioniert es. Gerade diejenigen, die vehement bestreiten, dass Affirmationen funktionieren, affirmieren unentwegt selbst – nur in negativer Weise. Sie sind angefüllt mit Negativität und sagen oder denken gewöhnlich Sätze wie: »Das funktioniert sowieso nicht«, »Ich kann das nicht« oder »Ich habe immer Pech«. Und das passiert dann gewöhnlich auch. Affirmationen funktionieren eben.

Wer sich ausführlicher zum Thema Affirmationen informieren möchte, dem empfehlen wir die Bücher von Louise Hay, ganz besonders ihren internationalen Bestseller *Gesundheit für Körper und Seele.* Er wird Ihnen mit seiner positiven Ausstrahlung immer wieder Kraft, Zuversicht und Mut zur Auseinandersetzung mit sich selbst geben.[3]

Grenzen der Affirmation

Beim Thema Affirmationen und positivem Denken ist vielleicht eine grundsätzliche Anmerkung wichtig. Es reicht nicht aus, einfach positiv zu denken und plakativ positive Grundsätze zu affirmieren oder den Kunden entgegenzubringen. Es muss auch eine dementsprechende tatsächliche innere Haltung dahinterstehen. Es gibt häufig einen Unterschied zwischen dem Wunsch nach positivem Denken und der eigentlichen inneren Überzeugung. Wenn ich innerlich nicht wirklich überzeugt davon bin, etwas Positives erreichen zu können, dann werden die Wünsche ins Leere laufen. Ich muss in meinem Inneren positiv eingestellt sein. Und das geht nicht, wenn ich in mir Groll trage, Wut, Verzweiflung oder Mangel empfinde. Ich muss zuvor sehr ehrlich mit diesen inneren Empfindungen und Einstellungen aufräumen. Ich muss sie mir bewusst machen und sie auflösen, indem ich die dahinterstehenden Probleme angehe. Erst dann werde ich mich überzeugend und wirkungsvoll positiv nach außen wenden können.

Es kann Situationen und individuelle Schicksale geben, in denen das einfache »An-sich-Arbeiten« oder ein Coaching nicht reicht, um negative Muster nachhaltig zu verändern. Beispielsweise wenn Sie bei sich feststellen, dass Sie eine Art Zwang zur Wiederholung früher erlittener Situationen aufweisen oder Ihnen immer wieder bestimmte frustrierende Konstellationen auffallend gleicher Art begegnen. Höchstwahrscheinlich gibt es da einen blinden Fleck in Ihrer Vergangenheit, den Sie – das liegt in der Natur der Sache – aus eigener Hilfe nicht aufklären können. Sie sollten sich dann professionelle psychotherapeutische Unterstützung suchen.

Grenzen der Affirmation

Affirmationen sind nur ein Hilfsmittel, allerdings ein wirkungsvolles. Aber wenn Sie gegenteilige innere Überzeugungen aufrechterhalten, sind Affirmationen machtlos. Es kann Situationen und individuelle Schicksale geben, in denen Sie allein oder auch mit einem einfachen Coaching nicht weiterkommen und sich professionelle psychotherapeutische Unterstützung suchen sollten.

Wie denken Sie über Ihre Kunden?

Mit dem, was wir tun und denken, treten wir in Resonanz mit unserer Umgebung und ziehen entsprechende Ereignisse und Ergebnisse an. Wenn ich negativ denke, ziehe ich entsprechend negative Ergebnisse und Handlungen anderer an. Wenn ich negativ über einen Kunden denke, dann brauche ich mich nicht zu wundern, wenn sich dieser Kunde auch negativ mir gegenüber verhält. Wenn ich denke, dass es schwer ist, mit einem Kunden in Kontakt zu kommen, oder sogar denke, dass ich nicht mit ihm in Kontakt kommen kann, dann wird es mir wahrscheinlich tatsächlich schwerfallen, mit ihm in Kontakt zu kommen.

☞ Wie denken Sie über Ihre Kunden? Seien Sie ganz ehrlich zu sich selbst und schreiben Sie das auf, auch das, was Sie gewöhnlich niemandem sagen würden. Vielleicht hilft Ihnen dabei die folgende Vorstellung: Stellen Sie sich vor, Sie sitzen auf einem Hügel unter einem großen freistehenden Baum. Sie lehnen mit dem Rücken an den Baum und schauen in die Landschaft. Auf der anderen Seite des Baumes sitzt, ebenfalls mit dem Rücken an den Baum gelehnt, Ihr authentisches Selbst. Sie richten an dieses authentische Selbst eine Art Beichte, wie Sie wirklich über Ihre Kunden denken. Schreiben

Sie alles auf. Gehen Sie dann in Ruhe noch einmal durch, was Sie niedergeschrieben haben. Was fällt Ihnen auf?

☞ Nun lassen Sie Ihr authentisches Selbst antworten und schreiben auch das auf. Was rät es Ihnen?

Im Verkauf wie in allen anderen Dingen des Lebens gilt das Prinzip von Ernte und Saat. Wenn ich mit einer negativen Emotion oder einem negativen Gedanken in den Verkaufsprozess hineingehe, dann säe ich Negativität und muss mich nicht wundern, dass etwas Negatives dabei herauskommt. Das ist eine lange bekannte Wahrheit, über die – bezogen auf andere Themen – schon viele Autoren geschrieben haben. Einer, den wir besonders empfehlen möchten, ist Kurt Tepperwein. Er schreibt dazu:»Bevor wir Erfolg haben, müssen wir uns erst innerlich für den Erfolg bereit machen. Sind wir der festen inneren Überzeugung, dass wir erfolgreich sind, werden wir mit glücklichen ›Zufällen‹ geradezu überhäuft.«[4]

Bezogen auf den Verkauf heißt das: Wenn Sie Freude am Verkauf haben, wenn Sie sich innerlich öffnen und darauf einstellen, einen Abschluss zu erzielen, dann werden Sie auch erfolgreich verkaufen. Zumindest erhöhen sich Ihre Chancen für erfolgreiche Verkaufsabschlüsse deutlich.

> So wie Sie über Ihre Kunden denken, gestaltet sich auch Ihr Verkaufsalltag.

Lassen Sie dem Kunden seine Freiheit

Wenn wir etwas erreichen wollen, dann ist es notwendig, den Wunsch klar zu formulieren. Wir müssen auch innerlich offen dafür sein, dass der Wunsch Wirklichkeit werden kann. Aber dann müssen wir die Angelegenheit auch loslassen und etwa im Falle des Kunden, dem Kunden die eigenständige Entscheidung lassen, ob er kaufen möchte oder nicht. Wenn wir an dem Kunden herumzerren und versuchen, ihn zu überreden, unter Druck zu setzen oder auf andere Weise zu manipulieren, dann wird er nicht kaufen. Das gilt insbesondere bei übertriebener Verkaufsrhetorik.

Arbeit mit dem inneren Kind

Eine hervorragende Möglichkeit, mit Ihrem authentischen Selbst stärker in Kontakt zu kommen, ist die Arbeit mit dem sogenannten »inneren Kind«. Was ist damit gemeint? Wir alle tragen in uns eine Vielzahl von Facetten unserer Persönlichkeit, darunter auch kindliche. Diese kindlichen Anteile sind hier keineswegs negativ zu verstehen. In ihnen zeigt sich unser ursprüngliches Selbst – unsere Authentizität – noch ganz unverfälscht, nämlich so, wie es war, bevor Erziehung und missliche Lebensumstände aus uns das angepasste Individuum gemacht haben, das vielleicht nur noch ein Schatten seiner selbst ist. Es geht bei der Arbeit mit dem inneren Kind darum, wieder in Kontakt mit unseren ursprünglichen, authentischen Stärken zu kommen.

> **Ziele der Arbeit mit dem inneren Kind:**
>
> - Sie können wieder in Kontakt kommen mit Ihren ursprünglichen Impulsen, Talenten und Stärken, die auch für den Verkaufserfolg maßgeblich sind.
>
> - Sie können außerdem mit bestimmten unerlösten Bedürfnissen in Ihnen arbeiten, die seit Ihrer Kindheit noch sehnsüchtig darauf warten, endlich befriedigt zu werden, und auch im Umgang mit Kunden störend wirken können.

Wenden wir uns zunächst dem ersten Punkt zu, dem Wieder-in-Kontakt-Kommen mit Ihren ursprünglichen Impulsen und Stärken. Wenn Sie dies schaffen, kann das ein ungemein kraftvolles Potenzial für Sie als Verkäufer erschließen. Zugleich werden Sie dadurch automatisch authentischer als Verkäufer.

Ein Beispiel

Stellen Sie sich vor, Sie waren ein in sich ruhendes Kind, das sich wunderbar selbst beschäftigen konnte und sich dabei spielerisch die Welt erschloss. Auf Kinderfotos strahlten Sie Ruhe und Stärke aus, einem Buddha gleich. Sie waren zufrieden und glücklich. Dann kamen Sie in die Schule und sollten sich auf einmal die Welt in einer Weise aneignen, von der die Lehrer meinten, dass dies pädagogisch richtig sei. Möglicherweise wichen diese pädagogischen Methoden sehr stark davon ab, wie Sie in Ihrer selbstständigen intuitiven Weise an die Dinge herangegangen wären. Aber weil Sie ein lernfähiges und geduldiges Kind waren, haben Sie sich diesen Forderungen erfolgreich angepasst. Dann ließen sich vielleicht Ihre Eltern scheiden und zogen Sie als Kind in Ihre Auseinandersetzungen hinein. Sie konnten nicht einfach in Ruhe und Sicherheit weiter Ihren kindlichen Beschäftigungen nachgehen, sondern wurden vielleicht auch zum Blitzableiter der Spannungen zwischen den Eltern. Stellen Sie sich vor, Sie wurden von dem einen oder anderen Elternteil oder beiden dazu aufgefordert, Stellung zu beziehen und Partei zu ergreifen gegen den jeweils anderen Elternteil. Oder Sie wurden ausgefragt, was der jeweils andere gesagt hätte. Ihr Handeln und Ihre spontanen Aussagen wurden vielleicht plötzlich in einer Weise bewertet, die Sie überraschte und die Sie als Kind kaum verstehen konnten. Ohne es gewollt zu haben, wurden Sie vielleicht zum Mitspieler in der elterlichen Auseinandersetzung gemacht. Vielleicht fühlten Sie sich schuldig, durch Ihre unbedachten Äußerungen Vater oder Mutter verraten zu haben. Es lässt sich denken, dass ein Kind, das solcherart manipuliert wurde und widrigen Umständen ausgesetzt war, nicht mehr buddhaähnlich in sich ruht und spontan seinen Interessen nachgeht. Es wird vielmehr höchstwahrscheinlich verunsichert sein, versuchen, seine spontanen Impulse zu kontrollieren und misstrauisch reagieren, wenn es von einem Erwachsenen etwas gefragt wird.

Auch wenn Ihre konkreten Lebensumstände andere waren, so zeigt dieses Beispiel doch sehr eindringlich, wie Qualitäten, die wir noch als Kind besaßen, verschüttet werden konnten. Wäre es nicht lohnend für Sie, wieder mit diesen ursprünglichen Stärken in Kontakt zu kommen und daraus Kraft zu beziehen, um wieder die strahlende Persönlichkeit zu werden, die Sie schon mal waren?

☞ Versuchen Sie, mit verschütteten Qualitäten Ihres inneren Kindes wieder in Kontakt zu kommen. Nehmen Sie sich ein altes Kinderfoto zur Hand, auf dem Sie spontan etwas erkennen, von dem Sie sagen: »Ja, so war ich.« Denken Sie dabei nicht zu viel nach. Es geht um Ihre spontane gefühlsmäßige Resonanz, wenn Sie das Bild anschauen. Gehen Sie dazu am besten Fotos durch, auf denen Sie etwa drei bis sechs Jahre alt sind. Die Abbildung sollte so groß sein, dass Sie Ihre Gesichtszüge gut erkennen können. Wenn Sie so ein Bild gefunden haben, dann versuchen Sie zunächst am besten herauszufinden, was dieses Kind auf dem Foto ausstrahlt. Welche spezifischen Stärken sehen Sie? Schreiben Sie das auf. Ist es ein besonders freundliches Kind? Ist es offen oder vielleicht sehr nachdenklich, geradezu weise in seinem Ausdruck? Ist es ein Draufgänger oder sehr zart und sensibel?

☞ Welche dieser Stärken haben Sie im Verkaufsalltag verloren?

Möglicherweise löst allein schon diese kleine Übung in Ihnen große Emotionen aus. Das ist völlig normal und kein Grund zur Beunruhigung; es ist eher ein gutes Zeichen. Wir möchten Ihnen aber noch einen weiteren Schritt vorschlagen.

☞ Stellen Sie sich wie zum Affirmieren vor einen Spiegel und nehmen Sie das ausgewählte Foto zur Hand. Halten Sie das Bild am ausgestreckten Arm so vor sich, dass Sie es gleichzeitig mit Ihrem Spiegelbild betrachten können. Versuchen Sie, die typischen Gesichtszüge, den Ausdruck jener spezifischen Stärke auf dem Kinderfoto, in Ihrem Spiegelbild wiederzufinden. Erkennen Sie in Ihrem Spiegelbild Anklänge an Ihren Gesichtsausdruck in jenen Kindertagen wieder? Möglicherweise ist das nicht so leicht für Sie. Es hängt natürlich auch vom Foto und von der aktuellen Situation ab. Experimentieren Sie ein wenig mit Ihrem Gesichtsausdruck, damit er dem auf dem Kindheitsbild ähnlicher wird. Was spüren Sie dabei? Werden Sie berührt? Haben Sie Freude am Wiedererkennen und »Wieder-in-Kontakt-Kommen«? Werden Sie traurig? Versuchen Sie nicht, die aufkommenden Emotionen zu unterdrücken. Lassen Sie ihnen vielmehr freien Lauf.

Nur wenn in Ihnen sehr zerstörerische Impulse hochkommen sollten, z. B. ein unbändiger Selbsthass, sollten Sie die Übung abbrechen und in professioneller Begleitung daran arbeiten.

Sollten Sie mit diesem Selbsthass ausgestattet sein, kann dadurch Ihr Verkaufserfolg sehr stark behindert sein. Erinnern Sie sich an den Abschnitt Affirmationen und was negative Affirmationen auslösen. Hier könnten unbewusste, sehr wichtige, negative Affirmationen versteckt sein.

Sollten Sie überhaupt nichts spüren und die Übung vielleicht albern finden, so ist das ein recht eindeutiges Indiz dafür, dass Sie sich von Ihrem inneren Kind sehr weit entfernt haben und den Kontakt mit ihm scheuen. Wenn das der Fall ist, dann kann es sein, dass Sie Ihre wirklichen Stärken im Verkauf gar nicht kennen oder Ihre Maske so stark ist, dass sie größeren Verkaufserfolg verhindert.

Das zurückgezogene/isolierte innere Kind

Sollten Sie jedoch aufrichtig darum bemüht sein, mit Ihrem inneren Kind in Kontakt zu kommen und es Ihnen dennoch nicht gelingen, so kann dies auch an etwas anderem liegen. Das führt uns zum zweiten der oben genannten Gesichtspunkte, den unerlösten kindlichen Bedürfnissen. Es kann sein, dass sich Ihr inneres Kind verraten und isoliert fühlt und nicht so leicht auf Ihren plötzlichen und recht unerwartet eintretenden Kontaktversuch reagiert.

Stellen Sie sich vor, Ihr Vater oder Ihre Mutter hätte Sie im Alter von vier Jahren verlassen und tauchte überraschend eines Tages wieder auf, nämlich genau am heutigen Tage. Wie würden Sie sich fühlen? Wären Sie geneigt, sofort Ihrem Vater oder Ihrer Mutter um den Hals zu fallen? Wohl kaum! Ihr Vater oder Ihre Mutter müssten schon einige Anstrengungen unternehmen und gute Gründe vorbringen, damit Sie sich mit ihnen auf ein ernsthaftes Gespräch einlassen würden. Genauso geht es möglicherweise Ihrem inneren Kind, wenn Sie jetzt zu ihm Kontakt aufnehmen wollen. Wundern Sie sich also nicht, wenn Sie die Übung eine Zeitlang wiederholen müssen, um mit Ihrem inneren Kind in Kontakt zu kommen.

Es lohnt sich. Denn nicht nur das Kind hat Ihnen viel zu geben, sondern auch Sie als Erwachsener haben Ihrem inneren Kind viel zu geben. Das ist ein wechselseitiges Geben und Nehmen. Nehmen wir an, Sie haben als Kind tatsächlich unter mangelnder Zuwendung und Präsenz Ihrer Eltern gelitten. Das könnte dazu geführt haben, dass Sie auch heute noch als Erwachsener mit diesen unerlösten Bedürfnissen nach Zuwendung umherlaufen.

Im Verkauf könnte das dazu führen, dass es Ihnen schwerfällt, in Konflikte hineinzugehen. Es könnte Ihre Fähigkeit, in Verkaufsgesprächen zum Abschluss zu kommen, maßgeblich behindern. Vielleicht haben Sie Süchte entwickelt, vielleicht begeben Sie sich aus dieser Tendenz heraus auch immer wieder in Abhängigkeitsbeziehungen, vielleicht sind Sie depressiv. Das hieße, dass Sie die Erfüllung dieser kindlichen Bedürfnisse immer noch von einer äußeren Quelle erwarten. In der Regel geschieht dies unbewusst oder bestenfalls halb bewusst. Es geht aber darum, dass Sie als Erwachsener die volle Verantwortung für sich übernehmen, auch für diese unerlöste kindliche Seite in Ihnen. Nur so entrinnen Sie dem Teufelskreis der Abhängigkeit. Niemand anderes als Sie selbst kann Sie mit Ihrem inneren Kind aussöhnen, schon gar nicht ein Kunde. Diese abhängige Seite kann dazu führen, dass Sie sich zu stark an den Kundenbedürfnissen ausrichten und als Verkäufer ohne eigene Meinung wahrgenommen werden. Auch das kann Ihren Verkaufserfolg maßgeblich negativ beeinflussen.

☞ Nehmen Sie also Kontakt mit Ihrem inneren Kind auf. Stellen Sie sich wie angegeben vor den Spiegel und sagen Sie beispielsweise: »Hallo liebe/er ... (verwenden Sie Ihren Vornamen), entschuldige bitte, dass ich mich so lange nicht um dich gekümmert habe. Ich verspreche dir, das jetzt zu ändern. Was kann ich für dich tun, um dich glücklich zu machen?« Wie gesagt, es kann einige Versuche in Anspruch nehmen, vielleicht mehrere Wochen, bis das Kind reagiert. Aber es wird reagieren, Sie werden es sofort merken. Eine innere Stimme wird zu Ihnen sprechen und der Inhalt dessen, was sie sagt, wird eindeutig darauf verweisen, dass es Ihr inneres Kind ist, das sich zu Wort meldet. Wundern Sie sich nicht, wenn es sagt: »Ein Eis kaufen« oder »Auf den Rummel gehen und

Karussell fahren« oder (das wird ein bisschen schwieriger bei der Umsetzung) »Nimm mich auf deine Schultern«. Und dann machen Sie es, seien Sie kreativ. Verraten Sie Ihr inneres Kind nicht erneut.

Authentischer Ratgeber im Verkauf

Dieser wiederhergestellte Kontakt mit Ihrem inneren Kind ist nicht nur enorm wichtig für Ihr Seelenheil. Er ist auch wichtig in Situationen, in denen Sie sich vielleicht überfordert fühlen oder ratlos. Sie können dann beispielsweise in einen Spiegel schauen und sich kurz fragen: »Was brauchst du?« Wenn diese innere Kommunikation eingespielt ist, werden Sie mit großer Zuverlässigkeit Hinweise und Handlungsanweisungen bekommen, die Ihnen im authentischen Kontakt mit dem Kunden helfen. Beispielsweise könnte Ihr inneres Kind/Ihr authentischer Kern sagen: »Das wird mir hier alles zu viel. Dieser Typ geht mir mit seinem Geschwafel auf den Nerv. Schick ihn weg.« Das wird Sie davor bewahren, über Ihre Grenzen zu gehen beziehungsweise zuzulassen, dass ein Kunde über Ihre Grenzen geht. Sie können sich dann immer noch überlegen, wie direkt Sie den Impuls Ihres inneren Kindes umsetzen wollen.

Arbeit mit dem inneren Kind

Die Arbeit mit dem inneren Kind ist eine hervorragende Möglichkeit, mit Ihrem authentischen Selbst stärker in Kontakt zu kommen. Zugleich erschließen Sie sich ein ungemein kraftvolles Potenzial für Ihre Verkaufstätigkeit. Sie können wieder mit Ihren ursprünglichen Stärken in Kontakt kommen und daraus Kraft und Ausstrahlung für die Gegenwart beziehen. Zugleich kann Ihnen Ihr inneres Kind ein wichtiger Ratgeber im Verkauf sein und Sie davor bewahren, über Ihre Grenzen zu gehen.

Im Wieder-in-Kontakt-Kommen und der Arbeit mit dem inneren Kind liegt auch ein Stück Heilung von Kindheitstraumata und unerlösten kindlichen Sehnsüchten. Dies kann ein wichtiger Schritt sein zur Stärkung des Selbstwertgefühls sowie zum Abbau negativer Einstellungen/gedanklicher Muster zur Welt und zu sich selbst. Auch dadurch wird Ihr Verkaufserfolg gefördert.

Arbeit mit dem Unbewussten

Unter Synchronizität versteht man einen sinnvollen Zufall. Sie denken an Ihre Mutter und in dem Moment ruft sie Sie an. Sie waren vielleicht unzufrieden mit der Rolle, die Sie in Ihrem Verkaufsalltag spielen, und stießen »zufällig« auf unser Buch. Zufälle dieser Art häufen sich gewöhnlich, wenn wir uns in einen Veränderungsprozess hineinbegeben und uns für neue Möglichkeiten öffnen. Sie korrespondieren mit unserem Unbewussten. Wenn wir lernen, sie wahrzunehmen und zu lesen, dann können sie uns als intuitives »Verkehrsleitsystem« dienen. Wir brauchen nur den sich öffnenden Türen zu folgen.

Ähnlich ist es mit Träumen. Wenn bestimmte Themen immer wieder in Ihren Träumen auftauchen, dann hat das eine Bedeutung, die Sie für sich ergründen sollten. Wenn Sie dabei alleine nicht weiterkommen, tauschen Sie sich mit guten Freunden oder einem Psychotherapeuten aus. Sie können auch in Ihren Morgenseiten darüber schreiben.

Nehmen wir einmal an, Sie träumen immer wieder davon, in einem Flugzeug zu sitzen. Sie rollen auf die Startbahn, das Flugzeug setzt sich auch in Bewegung, aber es hebt nicht ab, sondern rollt immer weiter über die Startbahn hinaus, andere Straßen entlang. Dabei sind vielleicht die Straßen so eng, dass das Flugzeug dort eigentlich gar nicht entlangrollen kann und die Flügel von den Chausseebäumen abgeschnitten werden. – Ein solcher, in Varianten immer wiederkehrender Traum könnte bedeuten, dass Sie innerlich spüren, mit Ihrem Potenzial nicht zum Zuge zu kommen. Sie sind gewissermaßen das Flugzeug, dessen Bestimmung es ist zu fliegen,

Sie wollen auch fliegen, aber Sie heben nicht ab. Vielmehr werden Ihnen sogar die Flügel gestutzt. Die Botschaft des Traumes und damit Ihres Unbewussten könnte also lauten: Ich leide darunter, nicht zum Start zu kommen und fühle mich eingeengt. Sie könnten nun bewusst versuchen, in Ihren aktuellen Plänen darauf zu fokussieren, auch wirklich abzuheben. Sie können das sogar im Traum unterstützen, indem Sie sich vornehmen, beim nächsten Mal im Traum darauf zu achten, auch wirklich abzuheben.

Eine Variante eines solchen Traumes wäre beispielsweise: Sie fliegen zwar, aber ständig tauchen Hindernisse auf, an denen Sie nur knapp vorbeischrammen oder sogar zerschellen – Brücken, Hochspannungsleitungen, Häuser, Bäume usw. – Hier läge die Botschaft Ihres Unbewussten vielleicht mehr darin, dass Sie sich von Hindernissen eingeschränkt fühlen, die Ihnen immer wieder in die Quere kommen. Sie könnten also darauf fokussieren, sich nicht von Hindernissen oder Störungen von Ihrem Kurs abbringen zu lassen. Vielleicht müssten Sie auch einfach höher fliegen, das heißt höher hinauswollen und mehr »Gas geben«.

Sie sehen, wenn Sie auf diese Weise mit Ihrem Unbewussten in einen Dialog treten, können Sie wichtige Erkenntnisse gewinnen und sich für weitere Veränderungsschritte motivieren. Manchmal gibt es sogar Träume, die so intensiv, eindrucksvoll und offensichtlich symbolisch sind, dass es schon fast ein Frevel wäre, die darin liegende Symbolik nicht zur Kenntnis zu nehmen.

Bei der Arbeit mit Träumen stoßen viele Menschen auf die Schwierigkeit, sich nicht an ihre Träume erinnern zu können. Auch hier hilft in der Regel ein Einstellungswandel: Sie können sich vor dem Einschlafen vornehmen, sich an Ihre Träume zu erinnern und Ihre Träume aufmerksam zu verfolgen (wie ein aufmerksamer Leser eines Buches). Sie können auch affirmieren, dass Sie sich an Ihre Träume erinnern. Legen Sie sich einen Schreibblock und einen Stift direkt neben das Bett, damit Sie sich sofort nach dem Aufwachen stichpunktartige Notizen machen können, denn in der Regel verblassen die Erinnerungen an den Traum relativ schnell. Gewöhnlich funktioniert die Erinnerung an die Träume auch besser, wenn Sie es vermeiden, Alkohol zu trinken.

Arbeit mit dem Unbewussten

In Synchronizitäten (»sinnvollen Zufällen«) sowie in Ihren Träumen können Sie wichtige Botschaften Ihres Unbewussten entdecken. Es lohnt sich, darauf zu achten und systematisch damit zu arbeiten. Sie können daraus Erkenntnisse gewinnen, worauf Sie in Ihrem Verkaufsalltag oder in Ihrem Veränderungsprozess fokussieren sollten. Synchronizitäten und Träume können Ihnen auch Kraft und Motivation (Bestätigung oder Orientierung) für weitere Veränderungsschritte geben. Die Arbeit mit dem Unbewussten ist nicht nur eine spannende und unterhaltsame Angelegenheit, sondern hilft Ihnen auch ganz allgemein, bewusster und damit auch authentischer zu leben und zu verkaufen.

☞ Achten Sie auf Ihre Träume und Synchronizitäten und schreiben Sie sie auf. Das ist besonders für Ihren Verkaufsalltag wichtig.

Sich mit Gleichgesinnten umgeben

Wenn wir uns in einen Veränderungsprozess hineinbegeben, dann ist es wichtig, dass wir es uns nicht unnötig schwer machen, sondern uns Unterstützung organisieren. Ein hervorragendes Mittel in diesem Sinne ist es, sich mit Gleichgesinnten zu umgeben. Bei näherer Betrachtung ist das ein Grundprinzip, das alle Menschen befolgen, wenn sie an einer bestimmten Sache interessiert sind. Fußballer gehen in einen Fußballklub und spielen dort Fußball. Was sollten sie in einem Handballverein? Opernliebhaber gehen in die Oper und nicht auf ein Rockkonzert, um Opern zu hören. BMW-Händler fahren keinen VW und umgekehrt. Und wer ein Alkoholproblem hat und daran etwas ändern möchte, sollte besser in eine Gruppe wie die Anonymen Alkoholiker gehen, anstatt sich jeden Abend in eine Kneipe zu setzen.

Also schauen Sie sich um, wen Sie als authentisch empfinden, und suchen Sie den Kontakt mit solchen Menschen. Reduzieren Sie dagegen den Kontakt mit Menschen, die auf Sie fassadenhaft, unecht oder verlogen wirken. Lassen Sie nicht zu, dass sie Ihnen mit ihrer Show oder ihrem oberflächlichen Geschwätz die Energie abziehen. Und unterdrücken Sie in deren Gegenwart nicht Ihre eigene authentische Seite. Seien Sie einfach Sie selbst, dann suchen die Fassadenkünstler entweder von selbst das Weite oder Sie kommen durch Ihr echtes Verhalten in die Gelegenheit, sich auch authentischer zu verhalten. Lassen Sie sich nicht verunsichern, wenn maskenhafte, unechte Menschen anfangen, an Ihnen herumzunörgeln. Das ist nur Ausdruck deren eigener Verunsicherung. Wenn sie deswegen keinen Kontakt mehr mit Ihnen haben wollen, umso besser. Lassen Sie sie gehen. Das schafft Raum für authentische Begegnungen. Eine Tür schließt sich, Tausend neue öffnen sich.

Wenn Sie sich gezielt mit authentischen Menschen umgeben, wird Sie das ermutigen und stärken. Es wird Ihnen helfen, authentisches Verhalten als Normalität zu empfinden.

Sich mit Gleichgesinnten umgeben

Um Ihren Veränderungsprozess zu fördern, ist es wichtig, dass Sie sich mit Gleichgesinnten umgeben. Suchen Sie den Kontakt zu Menschen, die sich authentisch verhalten und meiden Sie die Fassadenkünstler oder reduzieren Sie den Kontakt mit ihnen auf ein Minimum. Lassen Sie sich nicht abschrecken, wenn Sie von maskenhaften Menschen wegen Ihrer häufiger gezeigten authentischen Verhaltensweisen kritisiert werden. Das gehört dazu und ist eher Ausdruck deren eigener Verunsicherung und Abwehr.

Freizeitaktivitäten

Authentisch zu sein, bedeutet auch, Dinge zu tun, die einem Spaß machen und die einen interessieren. Was tun Sie in Ihrer Freizeit? Und mit wem haben Sie in Ihrer Freizeit zu tun? Haben Sie überhaupt Freizeit? Oder leben Sie nur für Ihren Beruf? Letzteres könnte zwar auch Ausdruck dessen sein, dass Sie schon authentisch beruflich das machen, was Sie wirklich interessiert. Die wahrscheinlichere Variante ist aber, dass Sie arbeitssüchtig sind. Die Abgrenzung ist manchmal nicht ganz einfach vorzunehmen. In jedem Falle helfen Ihnen dabei die Kriterien für süchtiges Verhalten (siehe Kapitel 4) und ein Check-up Ihrer Bedürfnisse (Checklisten 3 und 5 im Anhang). Im Allgemeinen helfen Freizeitaktivitäten zu entspannen und das Leben zur bereichern. Sie sorgen für einen notwendigen Ausgleich, ohne den Sie irgendwann erschöpft zusammenbrechen würden. Nichts kann man ständig machen, und wenn es noch so schön sein mag.

☞ Was hat Ihnen früher Spaß gemacht und Sie ausgefüllt? Wie lange ist es her, dass Sie das zuletzt gemacht haben? Wie wäre es damit, es einfach einmal wieder zu tun?

☞ Was wollten Sie schon immer einmal machen und tun es nicht? Haben Sie es schon vergessen? Schieben Sie es immer wieder hinaus? Wann wollen Sie es tun? In einem Jahr, in 10 Jahren oder in 30 Jahren? Wenn Sie zum Beispiel Gesangsunterricht nehmen wollen, glauben Sie, dass Sie das als Rentner besser können? Warum sollten Sie auf diesen Spaß all die Jahre dazwischen verzichten? Welchem Zweck sollte das Aufschieben dienen?

☞ Diese Übung wird Sie vielleicht schockieren, aber sie bringt Sie in Kontakt mit Ihrer Lebenswirklichkeit. Nehmen Sie sich ein Bandmaß, wie es Schneider verwenden. Jeder Zentimeter darauf symbolisiert ein Jahr Ihres Lebens. Schätzen Sie, wie alt Sie werden, und schneiden Sie die entsprechende Länge vom Bandmaß ab. Die durchschnittliche Lebenserwartung für Männer in Deutschland beträgt derzeit 74 Jahre, die für Frauen 78 Jahre. Genau genommen gelten diese Zahlen für Menschen, die heute geboren werden. Für diejenigen, die schon auf einige Jahre zurückblicken können, ist die Lebenserwartung kürzer. Was glauben Sie, wie alt Sie werden? Sterben Sie früher oder später? Legen Sie sich fest und schneiden Sie die entsprechende Anzahl Jahre ab. Als Nächstes schneiden Sie die Jahre ab, die Sie bereits hinter sich haben. Nehmen wir einmal an, Sie gehen von einer Lebenserwartung von 74 Jahren aus. 40 Jahre haben Sie bereits hinter sich. Bleiben 34. Bis wann wollen Sie arbeiten? Bis 65? Dann schneiden Sie die letzten 9 cm auch ab. Schauen Sie sich die verbleibenden 25 cm an und schauen Sie sich auch die abgeschnittenen Jahre an. Wann wollen Sie anfangen, authentisch zu leben – und zu verkaufen?

Zusammenfassung

In diesem Kapitel haben wir Ihnen wichtige praktische Hinweise gegeben, wie Sie sich selbst in Ihrem Veränderungsprozess auf dem Weg zum authentischen Verkäufer wirkungsvoll unterstützen können:

- Zunächst ist es wichtig, dass Sie überhaupt anfangen. Greifen Sie sich die Merkmale einer authentischen Verkäuferpersönlichkeit heraus, an denen Sie arbeiten wollen (vergleiche Kapitel 1), und beobachten Sie in Ihrem Verkaufsalltag, wie Sie sich in Bezug auf diese Merkmale verhalten.
- Finden Sie ein Ritual (oder mehrere), das Ihnen hilft, bei der Stange zu bleiben und Ihre Veränderungsziele nicht aus dem Auge zu verlieren. Unabhängig davon, wie dieses ganz persönliche Ritual aussieht, empfehlen wir Ihnen, zusätzlich »Morgenseiten« zu schreiben.
- Eine weitere wirkungsvolle Methode, Ihren Prozess zu unterstützen, sind Affirmationen. Sie konfrontieren Sie einerseits mit Widersprüchen zwischen Ihren Veränderungszielen und Ihren aktuellen tatsächlichen Verhaltensweisen. Sie dienen andererseits auch der Ausrichtung Ihrer Aufmerksamkeit auf Ihre Ziele.
- Die Arbeit mit dem inneren Kind kann weitere wertvolle Entwicklungsschritte ermöglichen: Sie können wieder in Kontakt kommen mit Ihren ursprünglichen Impulsen, Talenten und Stärken – und dadurch mit Ihrem authentischen Selbst. Die Arbeit kann sich auch heilsam auf bestimmte unerlöste Bedürfnisse oder Kindheitstraumata auswirken, die ansonsten im Umgang mit den Kunden störend wirken können. Nachdem Sie den Kontakt zu Ihrem inneren Kind aufgenommen haben, kann es Ihnen auch ein wichtiger Ratgeber in Verkaufssituationen sein.

- Schließlich trägt die Arbeit mit Ihrem Unbewussten dazu bei, dass Sie bewusster und authentischer leben und verkaufen. Achten Sie auf Synchronizitäten und Ihre Träume und notieren Sie sich diese Botschaften Ihres Unbewussten. Sie können daraus wichtige Erkenntnisse gewinnen, worauf Sie in Ihrem Verkaufsalltag oder in Ihrem Veränderungsprozess fokussieren sollten.
- Wichtig ist auch, dass Sie sich mit Gleichgesinnten umgeben, das heißt, den Kontakt zu Menschen suchen, die sich authentisch verhalten, und den Kontakt zu weniger authentischen Menschen reduzieren. Lassen Sie sich nicht durch Kritik von maskenhaften Menschen verunsichern.
- Entsprechendes gilt für Ihre Freizeitaktivitäten. Nicht nur das Vorhandensein von Freizeitaktivitäten ist für ein gesundes und authentisches Leben wichtig. Das, was Sie in Ihrer Freizeit tun, sollte Sie auch wirklich interessieren, bereichern und einen Ausgleich für Ihre beruflichen Aktivitäten darstellen. Checken Sie Ihre Bedürfnisse und reflektieren Sie kritisch, ob Sie vielleicht arbeitssüchtig sind (vgl. Kapitel 4).

Diese vorgeschlagenen Hilfsmittel sollen Sie bei der praktischen Arbeit mit den in Kapitel 4 und 5 besprochenen inhaltlichen Schwerpunkten unterstützen. Sie sind natürlich auch hilfreich bei den im folgenden Kapitel 7 angesprochenen Themen.

7
Wahrnehmung des Kunden und authentischer Kundenkontakt

Was denken Sie über Ihre Kunden? Welche Gefühle lösen sie in Ihnen aus? Zum Beispiel: »Er erinnert mich an dieses Arschloch vor einem Jahr, das mich endlos hingehalten hat und dann doch nichts kaufte. Wenn ich daran denke, kommt in mir jetzt noch die Wut hoch. Ich fühle mich total verarscht. Es ist sinnlos, mit ihm zu reden.« Warum reden Sie dann mit ihm? Oder denken Sie: »Dieser Kunde kauft sowieso nichts. Der will sich nur beraten lassen und kauft dann billig im Internet«? Oder ist es vielleicht: »Der hat eh kein Geld«? – Das waren Beispiele für negative Gedanken. Aber das Gegenteil ist natürlich auch möglich. Sie könnten denken: »Da habe ich einen ganz dicken Fisch an der Angel.« Und dann kauft er vielleicht gar nichts, hat Sie aber lange beschäftigt. Wir Menschen neigen dazu, Gedanken, Bilder, Gefühle, Erlebnisse, die eigentlich nur in unserer Psyche existieren, auf andere Menschen zu projizieren.

Dabei gehen wir natürlich von gewissen Erfahrungen aus. Oft liegen wir damit aber verkehrt. Falsch liegen wir vor allem dann, wenn wir *unbewusst* Erfahrungen mit wichtigen Bezugspersonen in der Vergangenheit auf unseren aktuellen Interaktionspartner *übertragen*. Wir gehen dann mit einer bestimmten gefühlsmäßigen Voreinstellung in das Gespräch, ohne uns recht darüber im Klaren zu sein. Das kann sich zum Beispiel darin äußern, dass wir relativ reizbar sind und uns schnell angegriffen fühlen, obwohl ein außenstehender nüchterner Beobachter keinen entsprechenden Anlass im Verhalten des Kunden erkennen könnte. In diesem Falle würde man von einer negativen Übertragung sprechen. Wären wir dagegen unangemessen vertrauensselig, so wäre dies ein Beispiel für eine positive Übertragung. In beiden Fällen braucht das mit der uns aktuell gegenüberstehenden Person nur wenig zu tun zu haben.

Authentisch verkaufen. Hans Vialon und Göran Hajek
Copyright © 2008 WILEY-VCH Verlag GmbH & Co. KGaA, Weinheim
ISBN: 978-3-527-50355-1

Ihre Maske verzerrt Ihre Wahrnehmung

Wenn wir übertragen, dann sind wir immer noch in unserer Maske und nicht in der aktuellen Situation, dem Verkaufsgespräch mit dem Kunden. Sie erinnern sich: Ihre Maske stellt eine Anpassung an Ihre Ängste dar. Sie ist ein Ergebnis dessen, was Sie in der Vergangenheit durchlebt haben. Das bedeutet aber auch, dass sie die aktuelle Realität verzerrt. Wenn Sie in Ihrer Maske sind, dann nehmen Sie den Kunden nicht adäquat wahr, sondern projizieren auf ihn Ihre subjektive Vergangenheit. Denken Sie an das vorige Kapitel: Der Kunde ist nicht Ihr Vater, Ihre Mutter oder Ihr älterer Bruder, gegen den Sie sich zur Wehr setzen müssen. Er ist auch nicht Ihr Lehrer, der Ihnen schlechte Noten gibt, wenn Sie einen Fehler machen. Das ist alles vorbei. Der Kunde hat ganz andere Probleme. Er möchte gerne ein Produkt kaufen, das seinen Bedürfnissen gerecht wird. Deswegen kommt er zu Ihnen. Machen Sie sich das immer wieder bewusst und aktualisieren Sie Ihr Verhalten und Ihr Selbstverständnis. Bringen Sie Ihre ureigensten Qualitäten zum Strahlen.

Wenn Sie Ihre Vergangenheit auf den Kunden projizieren, hat das noch einen ganz anderen unerwünschten Effekt: Sie animieren den Kunden mit Ihrem Verhalten oder Ihrer spürbaren Haltung zu entsprechenden Gegenreaktionen nach dem Schlüssel-Schloss-Prinzip. Auch er hat eine Vergangenheit mit wesentlichen Bezugspersonen, an die er sich durch Sie und Ihr Verhalten unbewusst erinnert fühlt. Er überträgt ebenfalls die damit zusammenhängenden Haltungen, Werturteile, Gefühle und Gedanken – auf Sie. Das nennt man Gegenübertragung. Auch der Kunde wird auf diese Weise zu nicht authentischen Verhaltensweisen animiert. Im Extremfall führen Sie dann ein Beziehungsdrama auf, das mit dem eigentlichen Schwerpunkt Ihrer Tätigkeit, dem Verkauf, nur noch rudimentär zu tun hat.

Manchmal ist uns durchaus bewusst, dass wir vergangene Erfahrungen auf diesen Kunden übertragen, und trotzdem tun wir es. Anstatt vorsichtig zu sein und unsere Bewertung zu hinterfragen, steigern wir uns regelrecht in die Übertragung hinein. Das kann durchaus mit einer gewissen Lustkomponente verbunden sein. Nehmen wir das oben genannte erste Beispiel, das gar nicht so untypisch ist: »Der erinnert mich an dieses Arschloch vor einem Jahr ... Wenn ich daran denke, kommt in mir jetzt noch die Wut hoch ... Es ist sinnlos, mit ihm zu reden.« Es zeigt sehr schön das Wesentliche. Jetzt geht es aber darum, dass Sie für Ihr Handeln und Ihre Emotionen die Verantwortung übernehmen. *Sie selbst* – um bei dem Beispiel zu bleiben – müssen dafür die Verantwortung übernehmen, dass Sie damals nicht rechtzeitig reagiert haben, sich hinhalten ließen und dem Kunden keine Grenzen setzten. Der Kunde, der Ihnen jetzt gegenübersteht, hat mit den Erlebnissen und Begebenheiten in Ihrer Vergangenheit nichts zu tun. Wenn er sich wirklich als das entpuppen sollte, was Sie vermuten, können Sie ja nun entsprechend reagieren. Sie sind auf der sicheren Seite. Aber wenn nicht, würden Sie vielleicht unnötig einen Kunden vergraulen.

Übertragung

»Übertragung« bedeutet, dass wir in einer gegebenen Situation unbewusst Haltungen, Werturteile, Gefühle und Gedanken auf unseren Interaktionspartner projizieren (»übertragen«), die eigentlich aus früheren Erfahrungen mit wesentlichen Bezugspersonen herrühren und mit der aktuellen Interaktion nichts zu tun haben (müssen). Auslöser für solche Übertragungen können mehr oder weniger zufällige äußere Ähnlichkeiten der Situation oder der Person sein, aber auch andere Reize. Wir gehen dann mit einer bestimmten gefühlsmäßigen Voreinstellung in das Gespräch, ohne uns recht darüber im Klaren zu sein. Das gilt auch für den Verkauf.

Wenn wir übertragen, dann sind wir immer noch in unserer Maske und nicht im aktuellen Verkaufsgespräch mit dem Kunden. Unsere Wahrnehmung der Realität wird durch die Maske verzerrt.

Gegenübertragung

Mit »Gegenübertragung« wird die Reaktion des Interaktionspartners auf unsere Übertragung bezeichnet. Auch er hat eine Vergangenheit und Erlebnisse mit wesentlichen Bezugspersonen, an die er sich durch unsere Haltung und Umgangsweise mit ihm (unbewusst) erinnert fühlt. Das passt zusammen wie Schlüssel und Schloss. Entsprechende Haltungen, Werturteile, Gefühle und Gedanken projiziert er dann auf uns. Auch das ist ein universeller Mechanismus der Kommunikation, der auch im Verkauf abläuft.

Hans überzeugte einmal einen großen Kunden, weil er sich auf sein Selbstvertrauen eingelassen hat und dadurch authentisch wirkte. Er spürte, dass auch der Kunde das spürte. Der Kunde war eigentlich davon ausgegangen, dass Hans einen Tag früher hätte kommen sollen. Hans platzte bei dem wichtigen Kunden also unangemeldet und – aus der Sicht des Kunden – verspätet herein. Das ist eine sogenannte peinliche Situation, die zahlreiche Angriffspunkte bietet, in alte maskenhafte Muster zurückzufallen. Als da wären:

- sich darüber zu streiten, wer Recht hat und wer den Fehler gemacht hat (Rechthaberei, Perfektionismus);
- sich beschämt zu fühlen, dass einem das passiert ist, und wie ein kleiner Junge vor der väterlichen Autorität im Boden zu versinken (Scham, Unreife);
- immer wieder auf den vermeintlichen eigenen Fehler zurückzukommen und sich immer wieder zu entschuldigen und damit den anderen zu einem Dementi zu zwingen (passive Aggressivität);
- die Situation als unrettbar verloren anzusehen (Fatalismus, geringes Selbstvertrauen);
- den anderen zu attackieren (Aggression, Arroganz);
- sich vor Schreck nicht mehr angemessen artikulieren zu können (Hilflosigkeit, Verwirrung).

Die Liste ließe sich noch lange fortsetzen. Aber diese vielen denkbaren Verhaltensmuster hätten nicht das Geringste mit dem Kunden zu tun gehabt. Denn als Hans unangemeldet hereinplatzte, nahm ihm der Kunde das nicht übel. Obwohl er ein Terminproblem hatte, ließ sich der Kunde innerhalb kürzester Zeit auf ihn ein. Hans nahm das wahr, ging nicht in irgendwelche maskenhaften Verhaltensweisen, sondern blieb authentisch bei sich, seinen Qualitäten und in der aktuellen Gesprächssituation mit dem Kunden. Der Kunde seinerseits hat sich nach kurzer Zeit ganz schnell geöffnet, weil Hans authentisch bei sich und seinen Gefühlen geblieben ist. Das Verkaufsgespräch endete erfolgreich.

☞ Bereits im vorangegangenen Kapitel stellten wir Ihnen eine Übung vor, wie Sie sich über Ihre Voreinstellungen gegenüber Ihren Kunden klarer werden können – die Übung mit dem Baum. Es lohnt sich jetzt, noch einmal einen Blick darauf zu werfen.

☞ Beobachten Sie sich im Verkaufsalltag und machen Sie sich Notizen, was Sie tatsächlich über Ihre Kunden denken, wenn sie in den Laden kommen oder wenn Sie mit ihnen im Verkaufsgespräch sind. Welche Gefühle lösen sie bei Ihnen aus? Nutzen Sie dazu die Checkliste 8 »Authentizitätsprotokoll« im Anhang.

☞ Welche Übertragungsreaktionen stellen Sie fest? In welchen Situationen beziehungsweise mit wem haben Sie Ähnliches erlebt, an wen erinnern Sie die Kunden? Welche spontanen Gefühls- und Handlungsimpulse bemerken Sie bei sich, die auf diese früheren Erlebnisse zurückgehen?

☞ Sehen Sie sich Ihre so entstandene Liste mit etwas Abstand an. Was stellen Sie fest?

☞ Erkennen Sie dabei Muster wieder, um die es bereits im Kapitel 5 ging (z. B. Perfektionismus, Feindseligkeit, übertriebene Freundlichkeit etc.)?

☞ Waren Ihre Gedanken und gefühlsmäßigen Reaktionen angemessen?

☞ Haben Sie vielleicht sogar im Sinne einer sich selbst erfüllenden Prophezeiung ein bestimmtes Verhalten des Kunden provoziert? (Zum Beispiel: Sie haben Angst, einen Fehler zu machen – der Kunde kritisiert Sie prompt.)

☞ Waren Sie in Ihrem Verkaufsgespräch durch Ihre Übertragung beeinträchtigt?

☞ Wenn ja, wie hätten Sie anders mit der Situation umgehen können? Welche Gegenmaßnahmen hätten Sie ergreifen können? Tragen Sie sie in Ihr Authentizitätsprotokoll ein und praktizieren Sie diese Maßnahmen. Funktioniert es?

Dem Kunden zuhören

Versuchen Sie, entgegen Ihrem Vorurteil mit einer positiven Intention in das Verkaufsgespräch hineinzugehen. Der Kunde will beraten werden. Geben Sie ihm alle erforderlichen Informationen, die er hören will. Dazu ist es erforderlich, dass Sie ihn erst einmal reden lassen und herausbekommen, was er möchte! Lassen Sie den Kunden Fragen stellen oder fordern Sie ihn sogar dazu auf. Machen Sie eine sorgfältige Bedarfsanalyse und texten Sie ihn nicht zu. Hier ist aufmerksames Zuhören gefragt, aber natürlich nicht endlos lange. Setzen Sie sich ein Zeitlimit, nachdem Sie entscheiden, wie Sie weiter vorgehen (z. B. den Kunden wegschicken, weitere Informationen erheben, den Kunden über das weitere Vorgehen aufklären, ein Angebot unterbreiten).

Zuhören und Authentizität

Was hat Zuhören mit Authentizität zu tun, fragen Sie sich vielleicht? Ganz einfach: Wenn Sie dem Kunden aufmerksam zuhören und auf ihn eingehen, nehmen Sie Ihre Rolle als Verkäufer ernst. Wenn Sie das nicht tun, ergibt sich eine Diskrepanz zwischen Ihrer formellen Rolle und Ihrem tatsächlichen Verhalten, die Sie unglaubwürdig macht. Sie sollten dann vielleicht über Ihre Berufsmotivation nachdenken.

Zuhören mit den vier Ohren

Fast hätten wir uns an dieser Stelle davor gescheut, Ihnen das Vier-Ohren-Modell von Schulz von Thun[1] vorzustellen. Es ist ein

Klassiker unter den Kommunikationsmodellen und wird inzwischen schon an vielen Schulen unterrichtet. Auch auf die Gefahr hin, dass Sie es schon kennen, haben wir uns doch entschlossen, Ihnen einige beispielhafte Bezüge zwischen diesem Modell und unserem Thema aufzuzeigen. Sie sind zu wertvoll und konstruktiv, als dass wir darauf verzichten wollten.

Nehmen wir ein Beispiel aus dem Verkaufsalltag, um das Modell zu erläutern. Ein Kunde fragt im Elektronikmarkt einen Verkäufer: »Kennen Sie sich mit Druckerpatronen aus?« Diese einfache Frage des Kunden hat – wie jede andere Äußerung auch – *vier Botschaften*.

Die erste Botschaft betrifft den *Sachaspekt*. Im vorliegenden Fall geht es um die Kenntnisse des Verkäufers über Druckerpatronen. Sie lässt sich ganz einfach beantworten, mit einem »Ja«, »Nein« oder je nach Naturell des Verkäufers auch mit »Das kommt drauf an« oder »Das geht Sie gar nichts an!«. Wir ahnen aber bereits, dass das wahrscheinlich nicht die eigentliche Frage des Kunden ist.

Er will nämlich nicht wirklich wissen, ob sich der Verkäufer mit Druckerpatronen auskennt, sondern er möchte von dem Verkäufer beraten werden. Seine Frage beinhaltet also eine *Handlungsaufforderung* an den Verkäufer: »Beraten Sie mich bitte!« Man kann förmlich die Erwartung des Kunden hören, der Verkäufer möge doch sagen: »Ja. Worum geht es denn?«, damit er seine Frage stellen kann. So gesehen, war die eigentliche erste Frage nichts weiter als eine höfliche Form der Gesprächseinleitung durch den Kunden, die dem Verkäufer noch Rückzugsmöglichkeiten offenließ.

Damit kommen wir zur dritten Botschaft, die in diesem kleinen Satz steckt, nämlich eine *Beziehungsdefinition*. Der Kunde ist ein höflicher Mensch und möchte gern mit dem Verkäufer ein freundlich-respektvolles Gespräch führen, bei dem beide Seiten gewisse Umgangsformen und Sprachebenen einhalten. Das mag nicht so offensichtlich sein, wird es aber, wenn Sie sich einmal vorstellen, der Kunde hätte gesagt: »Was ist das hier für ein Scheißladen! Wie soll man sich da zurechtfinden?!« Er hätte auch den Verkäufer am Ärmel fassen und barsch sagen können: »Kommen Sie mal mit!« Das hat dieser Kunde aber nicht getan.

Die vierte Botschaft ist die sogenannte *Selbstkundgabe*. Mit dem einfachen Satz »Kennen Sie sich mit Druckerpatronen aus?« sagte der Kunde einiges über sich selbst aus. Am naheliegendsten ist wohl, dass sich der Kunde nicht mit Druckerpatronen auskennt. Er drückt aber auch ein Bedürfnis aus: »Ich möchte beraten werden.« Und er nimmt eine Selbstdefinition vor – ähnlich wie wir das schon in Bezug auf den Beziehungsaspekt dargelegt haben. Er sagt: »Ich bin ein höflicher Mensch, respektvoll und nicht aggressiv.« In gewisser Weise indiziert seine Frage auch, dass er wahrscheinlich von Druckern und Computern nicht allzu viel versteht und sich keine Mühe gibt, das zu verschleiern.

Die vier Aspekte einer Aussage

Jede Aussage eines Kunden hat vier Botschaften: einen Sachaspekt, einen Aufforderungsaspekt, einen Beziehungsaspekt und einen Selbstkundgabeaspekt. Der Verkäufer kann – und sollte! – auf alle vier Botschaften reagieren. Das setzt voraus, dass er sie wahrnimmt, also hört. Er braucht ein »Sachaspekt-Ohr«, ein »Aufforderungs-Ohr«, ein »Beziehungs-Ohr« und ein »Selbstkundgabe-Ohr« – deswegen wird das Modell auch das »Vier-Ohren-Modell« genannt.

Wie inadäquat es wäre, wenn der Verkäufer nur auf den Sachaspekt reagieren würde, haben wir bereits erwähnt. Eine mögliche Reaktion auf den Aufforderungsaspekt, die den Sachaspekt mit abhandelt, nannten wir auch: »Ja. Worum geht es denn?« Eine andere wäre: »Ja. Was kann ich für Sie tun?« Auf den Beziehungsaspekt geht der Verkäufer dabei indirekt gleich mit ein. Auch hier wäre ein Gegenbeispiel denkbar, etwa wenn der Verkäufer überhaupt nicht reagieren würde oder in einem völlig unangemessenen Tonfall reagieren würde, zum Beispiel: »Sie sehen doch, dass ich zu tun habe!«

Die eigentlich interessante Botschaft aber liefert der Selbstkundgabeaspekt. Hier ist ein Kunde, der beraten werden möchte und wahrscheinlich nicht viel über Computer und Drucker weiß. Möglicherweise möchte er nicht nur über Druckerpatronen beraten werden, sondern wäre auch offen für weitergehende Informationen, etwa darüber, was man mit Druckern alles machen kann, welches die neuesten Trends sind und so weiter. Ein Verkäufer, der hier ein offenes Ohr hat, kann dem Kunden vielleicht noch viel mehr als nur eine Druckerpatrone verkaufen. Das müsste er allerdings zunächst vorsichtig sondieren, etwa durch die einfache und leider nur sehr selten zu hörende Frage: »Kann ich vielleicht noch etwas für Sie tun?«

Die Frage hinter der Frage

Dem Kunden zuzuhören bedeutet mehr als nur, ihn ausreden zu lassen und auf seine Fragen zu antworten. Es bedeutet, sich in den Kunden hineinzuversetzen und die Fragen hinter der Frage wahrzunehmen.

☞ Versuchen Sie, in Ihrem Verkaufsalltag bewusst die Fragen hinter der Frage des Kunden wahrzunehmen. Was signalisiert der Kunde über sich selbst, was erwartet er von Ihnen? Welche Rollendefinitionen sind damit verbunden? Wollen Sie darauf eingehen? Welche Geschäftsmöglichkeiten eröffnen sich dadurch, welche nicht?

Was untergräbt Vertrauen in der Kommunikation?

Vertrauenskiller

Im Verkaufsgespräch sollten Sie sich auch darüber im Klaren sein, welche kommunikativen Verhaltensweisen Vertrauen untergraben. Nicht-Zuhören ist eine davon, Zutexten eine weitere. Aber es gibt noch mehr solcher Verhaltensweisen: sogenannte Entwertungen, Sprunghaftigkeit in der Gedankenführung und im Verhalten, Unzuverlässigkeit, Undurchsichtigkeit Ihres Verhaltens, zu wenig Kommunikation mit dem Kunden und vieles andere mehr.

Mit *Entwertungen* ist gemeint, dass Sie Äußerungen des Kunden entwerten. Dies kann in vielfältiger Form geschehen, zum Beispiel dadurch, dass Sie auf seine Fragen nicht antworten, sie abqualifizieren, abfällig lächeln, ihn darauf hinweisen, dass andere auch das Problem haben, das Thema wechseln, sich von ihm abwenden, den Gesprächspartner wechseln, Dinge sagen wie »Das ist nicht so wichtig«, vielleicht sogar seine Äußerungen laut und abwertend kommentieren. Alles, was die Äußerungen oder das Anliegen des Kunden herabsetzt, kleiner macht und so weiter, entwertet seine Äußerungen, seine Bedürfnisse und letztlich ihn als Kunden. Umgekehrt proportional dazu erhöhen Sie sich und stellen sich auf ein Podest, von dem aus keine symmetrische Kommunikation mehr möglich ist. Nur sehr autoritär strukturierte Kunden werden das gut finden. Es ist, als ob Sie dem Kunden jedesmal einen Peitschenhieb versetzen – wie in einer Sado-Maso-Beziehung. Das ist zwar eine legitime sexuelle Spielart, aber die meisten Kunden bevorzugen im Verkaufsgespräch anderes und werden sich eher unwohl fühlen.

☞ Checken Sie sich selbst: Welche vertrauensschädigenden Verhaltensweisen zeigen Sie im Kundenkontakt? Nutzen Sie dazu die Checkliste 9 »Vertrauenskiller« im Anhang.

Das Gespräch *führen*

Auch wenn Sie zunächst den Kunden reden lassen, muss Ihnen gleichzeitig immer bewusst sein, dass Sie derjenige sind, der die Situation steuert und kontrolliert. Sie müssen führen und gegebenenfalls auch auf einer metakommunikativen Ebene eingreifen. Das kann zum Beispiel so aussehen, dass Sie dem Kunden sagen: »Sie möchten ein Haus bauen. Ich schlage vor, dass Sie mir erst einmal kurz Ihre Vorstellungen darlegen, an was für ein Haus Sie gedacht haben und ich Ihnen dann Realisierungsmöglichkeiten vorstelle.«

Nondirektive Gesprächsführung

Nicht zufällig entsprach das eben formulierte Beispiel den Prinzipien der nondirektiven Gesprächsführung. Sie ist auch als klientzentrierte Gesprächsführung bekannt geworden. Ihr Erfinder war Carl Rogers[2], einer der großen Pioniere in der Psychotherapieforschung. Seine Entdeckung bestand im Wesentlichen in der Beobachtung der vertrauenssteigernden Wirkung von bestimmten Verhaltensweisen des Beraters/Therapeuten. Diese fasste er in drei therapeutisch äußerst wirksame Prinzipien zusammen: Wertschätzung, Empathie und *Echtheit*. Damit ist Folgendes gemeint: Der Berater oder der Therapeut muss dem Klienten vermitteln, dass er ihn wertschätzt, und zwar so, wie er ist. Er muss sich in den Klienten hineinversetzen können und entsprechende Signale geben, dass er ihn verstanden hat. Und schließlich muss der Berater echt sein, ein echter Mensch mit Fleisch und Blut, der sich nicht hinter irgendeiner Fassade verschanzt oder eine unglaubwürdige Rolle spielt. Erkennen Sie irgendwelche Querverbindungen zu unserem Thema?

Sie brauchen keine Angst zu haben. Sie sollen nicht zum Therapeuten werden, und die Kunden sind nicht Ihre Patienten (es sei denn, Sie arbeiten tatsächlich als Therapeut, Arzt oder Ähnliches). Aber diese Prinzipien, die Rogers herausgefunden hat, sind universelle Prinzipien in der menschlichen Kommunikation. Sie entfalten ihre vertrauenssteigernde Wirkung auch außerhalb therapeutischer Kontexte, zum Beispiel im Verkauf, in Verhandlungen und in Beziehungsgesprächen.

Wir können Ihnen an dieser Stelle keinen Crashkurs in nondirektiver Gesprächsführung geben. Das würde den Rahmen dieses Buches sprengen. Aber wir wollen beispielhaft darauf verweisen, wie im Verkauf dagegen verstoßen wird. Sie haben das bestimmt auch schon erlebt: Sie kommen mit einem Anliegen in einen Laden, in ein Versicherungsbüro, in irgendein Vorzimmer mit einer Sekretärin. Sie bringen Ihr Anliegen vor und Ihr Gegenüber antwortet mit »hm«. Beliebt ist auch »ah ja«, schlimmer ist noch »so so«. Wenn Sie Glück haben, bekommen Sie als Antwort »Einen Moment bitte!« oder »Da muss ich mal nachsehen«. Mitunter verschwindet auch der Verkäufer kommentarlos in einen Nebenraum. Als Kunde stehen Sie ratlos da, Sie wissen nicht, ob der andere verstanden hat, was Sie wollen. Sie erhalten keinerlei Rückmeldung darüber, was Ihr Gesprächspartner verstanden hat. Ähnlich unerfreulich sind Warteschleifen, in die Anrufer geschickt werden, sobald sie ihr Anliegen vorgebracht haben.

Die nondirektive Gesprächsführung bietet in allen diesen Fällen ein ganz einfaches Mittel, das unmittelbar dafür sorgt, dass sich der

Kunde bei Ihnen wohler und verstanden fühlt. Es heißt »Spiegeln« und funktioniert so einfach, dass bereits in den siebziger Jahren des letzten Jahrhunderts ein Computerprogramm geschrieben wurde (*Eliza*), dessen Benutzer regelmäßig angaben, sich von dem Computer verstanden zu fühlen. Dabei geht es nur darum, dem Kunden einen Spiegel vorzuhalten, der wiedergibt, was er gesagt hat. Im Wesentlichen brauchen Sie also nichts anderes zu tun, als mit Ihren Worten das Anliegen des Kunden zu wiederholen:

- »Sie wollen ein Haus kaufen?«
- »Sie sind unzufrieden mit unserem Service?«
- »Sie möchten erst einmal beraten werden und vielleicht später etwas kaufen?«

Sofort entspannt sich die Situation – zumindest, wenn Sie das freundlich sagen und das Anliegen des Kunden nicht verzerrt wiedergeben. Der Kunde wird vielleicht erleichtert antworten: »Genau!« Oder er wird Präzisierungen vornehmen, zum Beispiel sagen, an was für ein Haus er gedacht hat, womit er bei Ihrem Service speziell unzufrieden ist, oder dass er in Abhängigkeit vom Ausgang des Beratungsgesprächs vielleicht doch schon heute etwas kaufen würde. Auf jeden Fall hat der Kunde ein besseres Gefühl und vertraut Ihnen mehr, als wenn Sie nur »hm« sagen. Und ein gutes Gefühl des Kunden erhöht die Chance, dass er etwas kauft.

Das Spiegeln hat noch einen anderen Vorteil. Es zwingt Sie, aufmerksam zuzuhören und präzise zu formulieren. Erst wenn Sie spiegeln und der Kunde Ihnen energisch widerspricht, merken Sie augenblicklich, dass Sie den Kunden nicht richtig verstanden haben. Spiegeln Sie nicht, merken Sie das vielleicht erst sehr viel später und haben wertvolle Zeit vergeudet.

Das Spiegeln hilft Ihnen auch bei Ihrer eigenen bewussten Positionierung. Sie können sich dann beispielsweise überlegen, ob Sie Zeit in ein reines Beratungsgespräch investieren wollen, obwohl der Kunde bereits angekündigt hat, dass er nichts kaufen will.

Nondirektive Gesprächsführung (nach Rogers)

Mit »nondirektiver« oder auch »klientzentrierter« Gesprächsführung wird eine Art der Gesprächsführung bezeichnet, bei der
Sie zwar das Gespräch *führen*, sich dabei aber von den Prinzipien
Wertschätzung, Empathie und Echtheit leiten lassen. Wertschätzung bedeutet, dass Sie dem Kunden vermitteln, dass Sie ihn so
wertschätzen, wie er ist. Empathie bedeutet, dass Sie sich in Ihren
Kunden hineinversetzen und entsprechende Signale geben, dass
Sie ihn verstanden haben. Echtheit bedeutet, dass Sie sich echt
und glaubwürdig verhalten. Die Anwendung dieser Prinzipien
fördert beim Kunden Vertrauen und Sicherheit – wichtige Voraus-
setzungen für den Kauf.

Ein wesentliches Mittel der nondirektiven Gesprächsführung ist
»Spiegelung«. Dabei geben Sie kurz mit Ihren Worten wieder, was
Sie vom Anliegen Ihres Kunden verstanden haben.

☞ Überprüfen Sie selbst, wie Sie reagieren, wenn ein Kunde sein
Anliegen vorbringt. Was antworten Sie? Geben Sie dem Kunden ein Feedback, was Sie von seinem Anliegen verstanden
haben?

☞ Gehen Sie einen Tag lang nach jedem Verkaufsgespräch die
Checkliste 10 »Kundenwünsche« im Anhang durch. Was
wollte der Kunde? Haben Sie das im Gespräch bemerkt und
authentisch reagiert?

☞ Versuchen Sie einmal, einen Tag lang bewusst zu spiegeln.
Registrieren Sie, wie die Kunden reagieren und wie sich das Verkaufsgespräch entwickelt. Kommen Sie intensiver in Kontakt
miteinander? Ergeben sich neue Geschäftsmöglichkeiten? Führen Sie Ihre Gespräche effektiver und sparen Sie dadurch Zeit?

Den Kunden emotional berühren

Zum authentischen Verkaufen gehört auch, dass Sie den Kunden
emotional berühren. Womit könnten Sie den Kunden emotional
berühren? Denken Sie daran, was Sie emotional berührt. In der

Regel berührt uns ein Mensch, wenn er seine wahren Gefühle zeigt, wenn er echt ist. Denken Sie an Dirk Müller, den Frankfurter Börsenhändler, über den wir schon am Anfang dieses Buches schrieben.

Den Kunden emotional zu berühren, dazu zählt aber auch, dass Sie ein *wirkliches* Interesse an ihm zeigen. Wenn Sie wirkliches Interesse am Kunden haben, dann signalisieren Sie: Ich nehme dich wahr, du bist mir nicht egal. Wirkliches Interesse am Kunden und seinen Bedürfnissen zeigen Sie zum Beispiel dadurch, dass Sie nachfragen, wenn Ihnen noch nicht ganz klar ist, was der Kunde will. Wirkliches Interesse an den Bedürfnissen des Kunden signalisieren Sie auch dadurch, dass Sie ihn auf mögliche Folgekosten einer Kaufentscheidung hinweisen. Wirkliches Interesse können Sie aber auch ganz einfach nonverbal signalisieren, indem Sie sich dem Kunden aufmerksam zuwenden, mit ihm Blickkontakt halten und ihn ausreden lassen. Das erlebt man als Kunde so selten, dass man richtig glücklich ist, wenn es einem widerfährt.

> Versuchen Sie stets, Ihren Kunden auch emotional zu berühren, und erweisen Sie dem Kunden und seinem Anliegen wirkliches Interesse durch Nachfragen, vorausschauende Hinweise, aufmerksames Zuhören, Blickkontakt und andere nonverbale Signale.

☞ Womit könnten Sie den Kunden emotional berühren?
☞ Beobachten Sie ein paar Tage in Ihrem Alltag, womit andere Sie berühren, und prüfen Sie dann, ob das auch eine Option für Sie wäre, sich so zu verhalten. Was hindert Sie vielleicht daran, Ihre Kunden emotional zu berühren?

Kundenwünsche wandeln sich

Verkaufen ist Kommunikation, und in der Kommunikation kommt es zu Missverständnissen. Deswegen ist es wichtig, immer wieder zu überprüfen, ob das, was man dem Kunden vorschlägt oder anbietet, auch das ist, was er möchte oder gemeint hat. Außerdem ändern sich Wünsche und Meinungen auch. Mitunter passiert das gerade im Laufe eines Verkaufsgesprächs als direktes oder indirektes Ergebnis der Interaktion zwischen Verkäufer und Kunde. Vergewissern Sie sich also stets, ob Sie und der Kunde noch über den gleichen Gegenstand sprechen, sonst eignet sich Ihr Verkaufsgespräch vielleicht als Vorlage für einen Sketch von Loriot, aber nicht für einen erfolgreichen Verkauf.

Nonverbale Signale des Kunden aufgreifen

Der Kunde kann Ihnen bewusst oder unbewusst wertvolle nonverbale Signale geben, die Sie nicht übersehen, sondern aufgreifen sollten. Schaut er genervt zur Seite? Ist er unruhig und hat die Tendenz wegzulaufen? Legt er die Stirn in Sorgenfalten? Ist er vielleicht sogar ärgerlich? Oder auffallend desinteressiert? Wenn Sie so etwas bemerken, sollten Sie auf jeden Fall versuchen herauszufinden, was die Ursache dafür sein könnte.

Eine Möglichkeit wäre beispielsweise, dass Sie einfach zu viel reden. Was Sie brauchen, ist also eine Art virtuelle (oder eine echte) Videokamera, mit der Sie sich in Ihrem Verkaufsgespräch aufnehmen und selbstkritisch Ihre Gesprächsanteile und -inhalte hinterfragen. Wenn Sie das noch nie gemacht haben sollten, wird Ihnen das sicherlich anfangs nicht ganz leichtfallen. Mit ein bisschen Übung können Sie das aber auch gut im laufenden Gespräch überprüfen. Sollten Sie den Verdacht haben, dass Sie schon zu lange reden, dann stoppen Sie sich einfach und lassen den Kunden wieder zu Wort kommen. Wie verändert sich dann seine Körpersprache? Hellt sich sein Gesicht auf? Versuchen Sie das einmal ganz bewusst zu beobachten.

Die Situation durch Authentizität umdrehen

Das Missbehagen des Kunden kann aber auch daran liegen, dass Sie inhaltlich nicht auf seine Wünsche eingegangen sind. Diese hat er möglicherweise gar nicht ausgesprochen. Von daher ist es sinnvoll, sich nach dem Grund des Unbehagens zu erkundigen. Auch das ist authentisches Verhalten, denn Sie signalisieren damit Ihre auf die Bedürfnisse des Kunden gerichtete Aufmerksamkeit und kommunizieren authentisch, was Sie wahrgenommen haben, anstatt so zu tun, als wäre alles in Ordnung.

Dies gilt erst recht, wenn sich solche Signale häufen oder sogar von mehreren Ihrer Kunden gleichzeitig ausgesendet werden. Hans wurde vom Vorstand eines Energieversorgers eingeladen, vor Mitarbeitern der oberen Leitungsebenen einen kurzen Vortrag zu halten, Thema Personalentwicklung, insbesondere Motivation und Selbstmotivation der Führungskräfte. Zuvor briefte ihn der Personalleiter und empfahl, sich beim Vorstand möglichst trocken, nüchtern und technisch zu präsentieren. Als Hans begann, seine Präsentation zu halten, merkte er schnell, dass das, was er aufgrund des Briefings vorbereitet hatte, nicht den Erwartungen seines Publikums entsprach. Es kam überhaupt nicht an, es stellte sich keine Resonanz bei seinen Zuhörern ein. Er wirkte nicht authentisch und glaubwürdig. Hans entschied sich zu einem ungewöhnlichen Schritt. Er brach seine Präsentation ab und erkundigte sich nach dem Grund des Desinteresses: »Ich habe das Gefühl, dass das, was ich Ihnen gerade aufzeige, nicht Ihren Wünschen entspricht.« Prompte Antwort: »Nein, wir würden viel lieber sehen, dass Sie das, was Sie uns Führungskräften beibringen wollen, auch einmal praktisch demonstrieren.« Daraufhin stellte sich Hans als natürlicher Trainer vor den Vorstand und ging mit den Anwesenden zwei Module aus dem beabsichtigten Seminar durch. Er bekam den Auftrag.

Die Situation durch Authentizität umdrehen

Gerade wenn Sie Unstimmigkeiten mit dem Kunden bemerken sollten, können Sie die Situation »umdrehen«, indem Sie authentisch bleiben und nicht maskenhaft eine Rolle spielen, die die Besonderheit der Situation unberücksichtigt ließe. Sprechen Sie die Unstimmigkeit an, bleiben Sie aber authentisch bei sich.

Berlin hat den nicht gerade schmeichelhaften Ruf, dass die Menschen dort relativ unfreundlich und schnoddrig im Umgang miteinander sind. Das hat aber auch Vorteile: Sie sind direkt und offen. Göran wollte einmal im Kaufhof-Warenhaus am Berliner

Alexanderplatz einen Pullover kaufen. Nachdem er sich einen ausgesucht hatte, stand er etwas unschlüssig mit dem Pullover an der Kasse und fragte die Kassiererin:»Sagen Sie mal, ist der nicht ein bisschen teuer?« Die Kassiererin antwortete wie aus der Pistole geschossen:»Also, wenn Se mich fragen, ick würd den nich koofen.« Das war in dem Moment sicherlich kein günstiges Verkaufsgespräch, denn Göran folgte ihrem Rat. Aber rückblickend hat er den Kaufhof am Alexanderplatz in angenehmer Erinnerung, denn hier ist er authentisch bedient worden. Er hat seitdem schon öfter etwas dort gekauft. Was glauben Sie, wie die Geschichte ausgegangen wäre, hätte die Verkäuferin ihn zum Kauf des Pullovers animiert, und Göran hätte hinterher frustriert festgestellt, dass er doch einen überteuerten Pullover gekauft hat?

☞ Nutzen Sie die Checkliste 12»Signale, die Kunden in der Kommunikation aussenden« im Anhang.

☞ Beobachten Sie sich selbst im Verkauf.
 - Wie lange reden Sie und wie lange redet der Kunde?
 - Hören Sie sich gegenseitig aufmerksam zu?
 - Unterbrechen Sie häufig den Kunden, der Kunde Sie oder Sie sich gegenseitig?
 - Welche Signale sendet der Kunde aus? Nutzen Sie dazu die Checkliste im Anhang.
 - Gehen Sie inhaltlich angemessen auf die Fragen des Kunden ein?

☞ Wie verändert sich das Verhalten des Kunden, wenn Sie Ihr eigenes Verhalten ändern, zum Beispiel Ihren Redefluss stoppen und den Kunden nach dem Grund seines beobachteten Unbehagens fragen?

☞ Machen Sie eine Misserfolgsanalyse. Wenn ein Kunde nichts gekauft hat oder kurz vor dem Verkaufsabschluss abgesprungen ist, dann haken Sie noch einmal nach. Fragen Sie ihn, ob es etwas gibt, womit er im Verkaufsgespräch unzufrieden war. Sie werden staunen. Möglicherweise kriegen Sie den Kunden doch noch. Und wenn nicht, können Sie wenigstens etwas daraus lernen.

Die Maske des Kunden

Auch der Kunde trägt gewöhnlich eine Maske. Versuchen Sie, sich dessen stets bewusst zu sein, aber werden Sie dabei nicht zum Psychotherapeuten. Das würde Sie nur von Ihrer eigentlichen Aufgabe, dem Verkauf, ablenken. Sie müssen sich dessen nur insoweit bewusst sein, dass Sie wissen: Nicht alles, was der Kunde sagt, meint er auch so. Er hat eine Fassade, hinter der er vieles verbirgt, Ängste, andere Emotionen, aber auch Bedürfnisse und Wünsche. Wenn Sie in Ihrer Maske bleiben, dann bleibt er es auch. Wenn Sie Ihre Maske fallen lassen, dann können Sie ihn vielleicht tatsächlich emotional berühren und dazu animieren, auch seinerseits seine Maske fallen zu lassen. Dann kann eine wahrhaft vertrauensvolle Beziehung zwischen dem Kunden und Ihnen entstehen, die im Übrigen auch für beide Seiten sehr beglückend sein kann. Sie haben dann im wahrsten Sinne des Wortes Kredit beim Kunden.

> Seien Sie sich stets bewusst, dass auch der Kunde eine Maske trägt. Wenn Sie sich authentisch verhalten, animieren Sie auch den Kunden, seine Maske fallen zu lassen. Sie können auch versuchen, die hinter der Maske verborgenen Ängste und Bedürfnisse des Kunden behutsam anzusprechen, indem Sie ihm ein entsprechendes Waren- oder Dienstleistungsangebot machen. Gute Restaurantchefs oder Hoteliers wissen das längst. Aber noch einmal: Machen Sie keine Psychotherapie, seien Sie diskret.

☞ Versuchen Sie einmal, sich darüber klar zu werden, welche Masken Ihre Kunden aufsetzen. Nutzen Sie dazu analog die Checkliste 7 »Meine bevorzugten Masken im Verkauf«. Wie reagieren Sie gewöhnlich auf diese Masken der Kunden? Wie könnten Sie vielleicht angemessener handeln? Verstehen Sie wirklich, was die Kunden meinen?

☞ Nehmen Sie noch einmal Ihre Liste aus dem vorangegangenen Kapitel mit *Ihren* eigenen bevorzugten Masken im Verkauf zur Hand. Welche Zusammenhänge erkennen Sie mit den Masken der Kunden?

Grenzen setzen

Setzen Sie den Kunden auch Grenzen. Zeigen Sie sich so, wie Sie gerade sind, aber bleiben Sie stets höflich. Man sollte aus einem Gespräch immer so herausgehen, dass man es gegebenenfalls auch fortsetzen kann. Um in der Lage zu sein, dem Kunden Grenzen zu setzen, ist es notwendig, dass Sie sich selbst spüren und reflektieren. Sind Sie gerade wütend, müde, in Gedanken noch bei dem Kundengespräch davor? Versuchen Sie, damit authentisch umzugehen, zum Beispiel, indem Sie sich beim Kunden entschuldigen, fragen, ob er einen Moment warten kann oder indem Sie einen Termin absagen und eventuell einen neuen Termin machen. Sollte das nicht möglich sein, dann gehen Sie damit authentisch in der Verkaufssituation um: Sagen Sie dem Kunden kurz, dass Sie sich gerade schlecht konzentrieren können, weil Sie durch etwas anderes in Anspruch genommen sind, und bitten Sie ihn, das zu entschuldigen. Der Kunde merkt das sowieso, aber wenn Sie es zugeben, erhöht das Ihre Glaubwürdigkeit. Zudem haben Bekenntnisse dieser Art einen typischen paradoxen Effekt: In dem Moment, in dem Sie es gesagt haben, geht es Ihnen schon besser. Sie können sich leichter auf die aktuelle Aufgabe konzentrieren, weil Sie nicht mehr damit beschäftigt sind, Ihr Handicap zu verstecken.

Zum Grenzen-Setzen gehört auch, den Kunden auf zeitliche Rahmenbedingungen aufmerksam zu machen. Kein Verkäufer kann ewig mit dem Kunden reden. Jedes Verkaufsgespräch hat eine zeitliche Begrenzung. Zum authentischen Verhalten gehört auch, diesen Rahmen angemessen deutlich zu machen. Damit vermeiden Sie unerfreuliche Brüche im Kundenkontakt, zum Beispiel, indem Sie erst übermäßig lange mit dem Kunden sprechen und dann vor ihm flüchten und nicht mehr erreichbar sind. Machen Sie dem Kunden deutlich, wie oft er seine Wünsche ändern kann und wann er zu einer Entscheidung kommen muss. Machen Sie ihm auch deutlich, wie lange Sie selbst mit ihm sprechen können und, gegebenenfalls, welche Kosten dadurch entstehen.

Grenzen setzen

Setzen Sie dem Kunden auch Grenzen, indem Sie ihn auf organisatorische, zeitliche und finanzielle Rahmenbedingungen aufmerksam machen. Gestalten Sie die Bedingungen des Verkaufsgesprächs so, wie Sie Ihren eigenen persönlichen Grenzen im Hier und Jetzt entsprechen. Dazu müssen Sie sich Ihrer eigenen Befindlichkeit bewusst sein.

☞ Überprüfen Sie sich selbst, wie gut es Ihnen gelingt, den Kunden Rahmenbedingungen zu verdeutlichen.

☞ Gelingt es Ihnen, situationsadäquat Ihren Kunden Grenzen zu setzen?

☞ Wie reagieren Ihre Kunden darauf?

Fokussieren Sie vor dem Gespräch

Ganz wichtig ist, nicht einfach unvorbereitet in ein Verkaufsgespräch hineinzustolpern und dabei ad hoc zu improvisieren. Die Gefahr, seine eigenen Ziele aus dem Auge zu verlieren und in Abhängigkeit vom Verhalten des Kunden in alte (ungünstige) Verhaltensmuster zurückzugehen, ist dabei groß. Machen Sie sich vor jedem Verkaufsgespräch klar, was dabei herauskommen soll. Welches sind Ihre Ziele, was wollen Sie dem Kunden vermitteln? Was haben Sie zu bieten?

Dabei gibt es immer situative Einflüsse, die mit dem eigentlichen Verkauf nichts zu tun haben, Sie aber in irgendeiner Weise tangieren. Sie sollten Sie zumindest kurz reflektieren, um deren Auswirkungen im Verkaufsgespräch zu minimieren oder angemessen zu kommunizieren. Ein Verkaufsgespräch kann ohnehin genügend Überraschungsmomente beinhalten, da sollten Sie wenigstens sich selbst kennen. Wie geht es Ihnen gerade? Wo stehen Sie selbst? Haben Sie Geldsorgen? Hatten Sie gerade einen Ehekrach? Hat Ihre Lieblingsfußballmannschaft gerade gewonnen?

Fokussieren Sie *vor dem Gespräch*:

- Wie geht es mir gerade/wo stehe ich?
- Was will ich bei diesem Kunden erreichen?
- Was will er? (Wenn Sie das schon wissen.)
- Was könnte das Ergebnis sein?
- Konzentrieren Sie sich vor dem Gespräch auf Ihre Qualitäten!
- Nutzen Sie zum Fokussieren auch die Checkliste 13 »Überzeugungen authentischer Verkäufer« im Anhang.

Im Gespräch

Im Verkaufsgespräch selbst läuft ein paralleler Prozess ab, in dem Sie einerseits sich selbst und andererseits den Kunden beobachten. Sie selbst sollten stets im Auge behalten, ob Sie sich mit Ihrem Anliegen/Ihrem Angebot/Ihren Qualitäten klar und deutlich einbringen. Gleichzeitig behalten Sie jedoch auch den Kunden im Auge. Wie reagiert er? Welche Signale sendet er aus? Dies jedoch nicht, um ihm nach dem Munde zu reden, sondern um bewusst die Auswirkungen dieser vom Kunden mitunter durchaus manipulativ eingesetzten Signale bei Ihnen zu registrieren. Wie fühlen Sie sich dabei, wenn der Kunde sich so verhält, wie er sich verhält? Reagieren Sie adäquat? Lassen Sie sich durch den Kunden beeinflussen oder manipulieren? Oder bleiben Sie bei sich selbst und Ihrem Ziel, bei Ihrer Authentizität? Das ist eine Gratwanderung. Aber je echter Sie sind, desto leichter wird es für Sie. Wenn Sie sich dagegen wie ein Blatt im Wind herumschwenken lassen, dann wird Verkaufen Stress, und der Misserfolg ist vorprogrammiert.

Kompatibilität der Kundenwünsche?

Damit noch nicht genug. Sie müssen selbstverständlich auch wahrnehmen, was der Kunde will. Welche Gefühle löst das in Ihnen aus? Freude, Ärger, Panik? Traurigkeit/Enttäuschung? Sind die

Wünsche des Kunden kompatibel mit Ihren eigenen Zielen? Da gibt es prinzipiell die Möglichkeiten »Ja«, »Nein« und »Vielleicht«.

Wenn Sie diese Frage innerlich mit »Ja« beantworten, dann müssen Sie sich schon ziemlich tollpatschig anstellen, damit kein Verkaufsabschluss zustande kommt. Aber die eigentliche Aufgabe liegt dann für Sie im Erzielen eines guten Preises.

Wenn Sie die Frage mit »Nein« beantworten, dann können Sie das Verkaufsgespräch relativ schnell beenden.

Wenn Sie sie aber mit »Vielleicht« beantworten, dann wird es interessant, denn hier bietet sich ein Verhandlungsspielraum. Sie haben es in der Hand, ob ein Verkauf zustande kommt oder scheitert. Und auch hier sind Sie in der stärkeren Position, wenn Sie authentisch bleiben.

Im Verkaufsgespräch

Beobachten Sie sich und den Kunden *im Verkaufsgespräch* parallel. Stellen Sie sich dabei die folgenden Fragen:

- Bringe ich mich mit meinen Qualitäten klar und deutlich ein?
- Wie reagiert der Kunde?
- Was will der Kunde?
- Sind die Wünsche des Kunden kompatibel mit meinen Zielen?
- Gehe ich klar darauf ein? Setze ich Rahmenbedingungen?
- Wie fühle ich mich? Was löst der Kunde in mir aus?
- Bleibe ich (trotzdem) authentisch bei mir?

Sich wohlfühlen

Wichtig ist, dass Sie sich wohlfühlen. Das steht an erster Stelle. Der Kunde sollte auch ein gutes Gefühl haben, sonst kauft er nicht. Aber wenn Sie sich nicht wohlfühlen, werden Sie früher oder später scheitern oder krank werden. Zudem spürt der Kunde über seine Spiegelneurone, wenn Sie sich nicht wohlfühlen. Er wird Ihnen nicht vertrauen, weil er merkt, »Irgendetwas stimmt da nicht«, und tendenziell auch nicht kaufen.

Begreifen Sie das Scheitern eines Verkaufsgesprächs als Chance. Wenn Sie einen Kunden gehen lassen, der Sie zu viel Kraft kostet, haben Sie mehr Kraft für andere Kunden, die bei Ihnen kaufen wollen. Eine Tür schließt sich und viele neue werden sich öffnen. Vergeuden Sie nicht Ihre Kraft.

> Sich selbst zu verleugnen ist anstrengend. Sich so zu zeigen, wie man ist, überhaupt nicht.

Arbeit mit dem inneren Kind

Behalten Sie Ihr Rumpelstilzchen, Ihren kleinen Zerstörer, im Griff, indem Sie für sich und Ihr inneres Kind sorgen. Wenn Sie Unstimmigkeiten mit dem Kunden bemerken, dann fragen Sie sich selbst beziehungsweise Ihr inneres Kind: »Was brauchst du?« Dazu können Sie auch unter einem Vorwand für einen Moment in einen Nebenraum verschwinden und sich im Spiegel betrachten, während Sie sich diese Frage stellen – genauso, wie in der Übung im vorigen Kapitel. Die Antworten werden Sie vielleicht überraschen, lassen Sie aber in jedem Falle sehr viel sicherer und authentischer werden.

Nicht alles, was das innere Kind will, ist sozial kompatibel. Wenn sich Ihr inneres Kind trotzig auf den Boden werfen will und Sie einen starken Drang verspüren, dem nachzugeben, dann sollten Sie einen Weg finden, das zu tun. Aber tun Sie es bitte nicht vor einem Kunden. So etwas klären Sie aufgrund der sonst sicherlich eintretenden unerwünschten Folgen besser für sich oder, wenn Sie Publikum brauchen, in einem geschützten Rahmen, zum Beispiel einer Selbsterfahrungsgruppe oder in einem Wochenendworkshop. Damit wollen wir solche Bedürfnisse nicht als deplatziert abqualifizieren, sondern im Gegenteil betonen, dass auch so etwas Unerlöstes auf dem Weg zu authentischerem Verhalten gegenüber Kunden hochkommen kann. Es kann durchaus wichtig sein, das zuzulassen, um es dann loslassen und ad acta legen zu können. Im Kundenkontakt können Sie dann vielleicht Anklänge von diesem Bedürfnis spüren und innerlich über sich selbst schmunzeln. Sie können sich dann gewissermaßen neben sich stellen und sich fragen, womit der Kunde bei Ihnen diese Trotzreaktion hervorgerufen hat. Wenn Sie das erkennen, können Sie die Ursache, das vielleicht unverschämte oder verletzende Kundenverhalten, in erwachsener und reifer Form zurückweisen und dem Kunden Grenzen setzen.

Ihr positiver Kern

Bringen Sie Ihren positiven Kern zum Vorschein und bezaubern Sie damit den Kunden. Zeigen Sie Begeisterung. Besinnen Sie sich auf Ihre individuellen Qualitäten und Ihre Ziele. Was ist der Sinn Ihres Tuns?

☞ Überlegen Sie sich täglich etwas, wie Sie sich besser ausdrükken, authentischer verkaufen können. Das können ganz kleine Dinge sein: ein vergilbtes Plakat entfernen, einen Strauß Blumen zur Verschönerung der Atmosphäre aufstellen u. a. Es können auch größere Dinge sein: eine neue Außenreklame, die besser Ihre individuelle Geschäftsidee repräsentiert, oder eine Umgestaltung Ihres Büros oder Ihrer Verkaufsräume. Vor allem aber: Wie können Sie authentischer mit den Kunden umgehen? Welche Angebote können Sie ihnen unterbreiten, die Ihrem individuellen Können entsprechen und Kundenbedürfnisse bedienen?
☞ Gehen Sie noch einmal die Checkliste 1 »Selbstcheck Authentizität im Verkauf« im Anhang durch. Sind Sie gegenüber dem Anfangscheck authentischer geworden?
☞ Überprüfen Sie sich auch anhand der Checkliste 14 »Erfolgsmerkmale authentischer Verkäufer« im Anhang. Wie weit sind Sie in Ihrem Veränderungsprozess gekommen?

Verkaufsstile

Zur Kommunikation mit den Kunden gehört auch die Gestaltung der Rahmenbedingungen des Verkaufs. Wie führen Sie Ihr Geschäft/ das Verkaufsgespräch? Führen kann sehr unauffällig geschehen, aber auch sehr autoritär und kontrollierend. Vielleicht kennen Sie die in der Sozialpsychologie gut untersuchten Führungsstile »autoritär«, »laissez-faire« und »demokratisch«. Entsprechende Stile finden sich auch im Verkauf. Wenn Sie dagegen gar nicht führen, sind Sie konformistisch oder destruktiv. Auch das gibt es im Verkauf.

Beim *konformistischen* Verkaufsstil haben Sie keine eigene Meinung. Ihr vorrangiges Trachten als Verkäufer geht danach, sich als normal und durchschnittlich zu definieren. Sie wollen sich möglichst nicht von anderen unterscheiden und den Geschmack des Durchschnitts treffen. Sie gehen nach der jeweiligen Mode. Es liegt auf der Hand, dass Sie dann nicht authentisch sein können.

> Mit einem *konformistischen* Verkaufsstil werden Sie auch nur durchschnittliche Ergebnisse erzielen und konformistische und autoritär strukturierte Kunden anziehen.

Beim *destruktiven* Verkaufsstil verhalten Sie sich auf vielfältige Weise destruktiv – sowohl gegenüber Ihren Kunden als auch sich selbst gegenüber. Destruktive Verkäufer verweigern sich gegenüber Kundenwünschen, hören nicht zu, sind rechthaberisch und wenig flexibel. Sie können ausgeprägte Vorurteile und Feindbilder haben, die ihren Kundenkontakt von vornherein einschränken. Manche sind ausgesprochen unzuverlässig. Die ganze Palette der Erfolgsverhinderungsmuster ist möglich.

> Mit einem *destruktiven* Verkaufsstil werden Sie wahrscheinlich relativ bald pleitegehen. Zumindest dürfte Ihr Geschäftserfolg sehr begrenzt sein. Mit einem destruktiven Verkaufsstil ziehen Sie bestenfalls nervige und ebenfalls destruktive Kunden an. Alle anderen schlagen Sie in die Flucht.

Beim *autoritären* Verkaufsstil schreiben Sie dem Kunden ganz genau vor, was er zu tun hat. Sie stellen Fragen, er hat zu antworten. Sie legen die Bedingungen fest, unter denen er an das Produkt kommt, wann er wie zu zahlen hat und so weiter. Dieser Verkaufsstil mag für Sie als Verkäufer gewisse Vorteile bieten, zum Beispiel Kontrolle und Effizienz. Er hat aber auch einen entscheidenden Nachteil: Die Kunden fühlen sich schnell gegängelt und nicht ausreichend mit Ihren individuellen Wünschen wahrgenommen. Damit vergraulen Sie viele Kunden. Wie sehr Sie Ihre Kunden damit vergraulen, hängt natürlich von den Vorgaben ab, die Sie machen. Wenn Sie es zum Beispiel ablehnen, den Kunden zu beraten, wenn er Probleme mit seinem neu erstandenen Gerät hat, dann werden Sie den Kunden wahrscheinlich nie wieder bei sich etwas kaufen sehen. Fluggesellschaften, die es ablehnen, gebuchte Flüge umzubuchen oder es zumindest Ihren Kunden sehr schwer und teuer machen, verhalten sich autoritärer als Fluggesellschaften, bei denen dies ohne größere Probleme und Mehrkosten möglich ist. Umbuchbare Flüge sind meist von vornherein teurer. Gerade an diesem Beispiel sehen Sie auch: Je weniger autoritär Sie gegenüber dem Kunden operieren, desto höhere Preise können Sie in der Regel für Ihr Produkt verlangen.

Ein *autoritärer* Verkaufsstil zieht eher autoritär strukturierte und konformistische Kunden an, die in der Regel auch weniger Geld haben. Ein weniger autoritärer Verkaufsstil zieht individualistischere Kunden an, die eher bereit sind, für die gebotene Flexibilität einen höheren Preis zu zahlen.

Beim *Laissez-faire*-Verkaufsstil lassen Sie den Kunden alles entscheiden und greifen nicht steuernd ein. Das ist das, was einmal fälschlich als *antiautoritäre* Erziehung aufgefasst wurde. Wenn der Kunde Sie etwas fragt, antworten Sie, wenn er nicht fragt, lassen Sie ihn in Ruhe. Wenn er nicht die richtige Frage stellt, kommt er auch nicht an die Informationen, die er vielleicht benötigt, um bei Ihnen etwas zu kaufen. Der Kunde muss das richtige Codewort wissen, sonst ist er verloren.

Der *Laissez-faire*-Verkaufsstil ist ganz sicher eine schlechte Variante von Verkaufen, aber wir treffen sie verblüffend oft vor allem bei angestellten Verkäufern in Warenhäusern, Elektronikmärkten, aber auch anderswo, an. Vermutlich wissen diese Unternehmen gar nicht, was ihnen dadurch an Umsatz verloren geht.

Beim *demokratischen* Verkaufsstil schließlich kann der Kunde auch vieles entscheiden, aber im Dialog mit Ihnen. Das ist das eigentlich *antiautoritäre* Verhalten. Der Kunde bekommt von Ihnen alle notwendigen Informationen und Entscheidungshilfen, aber er kann entscheiden. Das schafft Vertrauen. Sie legen den Zeitrahmen fest, handeln Konditionen mit ihm aus und so weiter. Das ist ähnlich wie bei demokratischen Wahlen oder bei Abstimmungen in einem Parlament. Es gibt relativ feste Termine für die Abstimmung, aber was dabei herauskommt, ist Verhandlungssache.

Wenn wir etwas erreichen wollen, dann ist es notwendig, den Wunsch klar zu formulieren. Wir müssen auch innerlich offen dafür sein, dass der Wunsch Wirklichkeit werden kann. Aber dann müssen wir die Angelegenheit auch loslassen und dem Kunden die eigenständige Entscheidung lassen, ob er kaufen möchte oder nicht. Wenn wir an dem Kunden herumzerren und versuchen, ihn zu überreden, unter Druck zu setzen oder auf andere Weise zu manipulieren, dann wird er nicht kaufen. Das gilt insbesondere bei übertriebener Verkaufsrhetorik.

Vertrauensbildung durch Verkaufsstil

Unter dem Aspekt der Vertrauensbildung und Kundenbindung ist der *demokratische* Verkaufsstil der optimale; er entspricht auch am ehesten den Prinzipien authentischen Verkaufens. Und das Beste: Sie können dabei die höchsten Preise erzielen.

☞ Überprüfen Sie Ihren Verkaufsstil. Nutzen Sie dazu die Checkliste elf »Konformistische, destruktive ... Verhaltensweisen« im Anhang.

☞ Welche Kunden ziehen Sie damit an? Überprüfen Sie die Verhaltensweisen Ihrer Kunden mit derselben Checkliste.

Zusammenfassung

Verkaufen ist Kommunikation. In diesem Kapitel haben wir Sie auf wesentliche Aspekte der authentischen Kommunikation mit Ihren Kunden hingewiesen. Bis hierher standen Sie als Verkäufer im Fokus unserer gemeinsamen Betrachtungen, in diesem Kapitel haben wir den Blick erweitert und in stärkerem Maße den Kunden ins Zentrum unserer Aufmerksamkeit gestellt. Es geht darum, dass Sie Ihre Erkenntnisse in neue Verhaltensweisen gegenüber den Kunden umsetzen.

Zum authentischen Verkaufen gehört, dass Sie den Kunden und sein Anliegen adäquat und nicht durch Ihre Maske verzerrt wahrnehmen, dass Sie ihm aufmerksam zuhören, das Verkaufsgespräch authentisch und zielorientiert *führen* und sich mit Ihren individuellen Bedürfnissen und Qualitäten als Verkäufer einbringen.

Im Einzelnen sollten Sie sich Ihrer Übertragungsreaktionen bewusst werden und gezielt versuchen, diese abzulegen und mit einer positiven und der aktuellen Verkaufssituation angemessenen Intention auf den Kunden zuzugehen.

Versuchen Sie, dem Kunden aktiv zuzuhören, indem Sie die versteckten Botschaften seiner Äußerungen wahrnehmen und die Frage hinter der Frage diskret ansprechen.

Vermeiden Sie Vertrauenskiller wie Nicht-Zuhören, Zutexten, Entwertungen, Sprunghaftigkeit in der Gedankenführung und im Verhalten, Unzuverlässigkeit, Undurchsichtigkeit Ihres Verhaltens, zu wenig Kommunikation mit dem Kunden und vieles andere mehr.

Nutzen Sie vielmehr die Prinzipien der nondirektiven Gesprächsführung (Wertschätzung, Empathie und Echtheit). Spiegeln Sie dem Kunden, was Sie von seinem Anliegen verstanden haben. Versuchen Sie, den Kunden emotional zu berühren. Greifen Sie nonverbale Signale des Kunden auf. Nehmen Sie insbesondere auch sein Unbehagen wahr und sprechen Sie es an. So können Sie Verkaufsgespräche, die zu scheitern drohen, durch Authentizität umdrehen.

Seien Sie sich dabei stets bewusst, dass auch die Kunden eine Maske tragen und Sie durch Ihr authentisches Verhalten auch die Kunden zu authentischen Verhaltensweisen animieren können. Das spart Zeit und Energie. Achten Sie auch darauf, Grenzen zu setzen.

Vor dem Verkaufsgespräch ist es wichtig, dass Sie Ihre eigene Befindlichkeit reflektieren. Machen Sie sich Ihre Ziele klar und die des Kunden. Was könnte das Ergebnis sein? Konzentrieren sie sich vor dem Gespräch auf Ihre Qualitäten.

Im Verkaufsgespräch beobachten Sie dann sich selbst und den Kunden parallel. Achten Sie einerseits darauf, ob Sie sich selbst, Ihren Zielen und Ihren Qualitäten treu bleiben. Achten Sie andererseits darauf, was der Kunde will und inwieweit Sie auf den Kunden eingehen beziehungsweise eingehen wollen. Entscheidend ist, dass Sie sich wohlfühlen und authentisch bleiben. Bringen Sie Ihren positiven individuellen Kern zum Ausdruck!

Zur Kommunikation mit den Kunden gehört auch die Gestaltung der Rahmenbedingungen des Verkaufs. Werden Sie sich bewusst, was für einen Verkaufsstil Sie bisher praktiziert haben und welchen Sie in Zukunft bevorzugen wollen. Unter dem Gesichtspunkt der Vertrauensbildung und Kundenbindung ist der demokratische Verkaufsstil der optimale; er entspricht auch am ehesten den Prinzipien des authentischen Verkaufens. Es lassen sich mit diesem Stil auch höhere Preise erzielen.

8
Zusammenfassung

Gratulation! Sie haben es geschafft. Sie haben dieses Buch durchgearbeitet und dabei viel Mut und Ausdauer bewiesen. Sie haben den Mut gehabt, sich auf eine Reise einzulassen, auf der Sie Ihre gewohnten Verhaltensmuster selbstkritisch unter die Lupe genommen haben und sich auf ein neues, ungewisses Terrain begeben haben. Das ist nicht alltäglich und verdient Respekt, den Sie sich auch selbst zollen sollten – egal, wie weit Sie auf diesem Weg gekommen sein sollten. Schon allein durch den Versuch, authentischer zu werden, sind Sie sich selbst ein Stück näher gekommen. Und Sie haben die Möglichkeit, jederzeit weiter auf diesem Weg voranzuschreiten. Wenn Sie zum Beispiel dieses Buch zunächst mehr oder weniger zügig durchgelesen haben, ohne sich allzu sehr auf die Übungen einzulassen, können Sie einen zweiten Durchgang starten, indem Sie sich intensiver auf die Materie einlassen. Wir empfehlen Ihnen das sogar sehr. Sie können auch an einem unserer Seminare teilnehmen. Informationen dazu finden Sie im folgenden Kapitel.

Wie Sie wahrscheinlich gemerkt haben, übt dieses Buch keine Gesellschaftskritik, sondern setzt vielmehr beim Individuum an. Es geht um Sie persönlich als Verkäufer. Sie können sich ändern und das Produkt verkaufen, das Ihnen am Herzen liegt. Sie können es auf eine Weise verkaufen, bei der Sie sich nicht verbiegen und verstellen müssen, sondern sich so zeigen können wie Sie sind. Oder wie die Amerikaner sagen: »You can make the difference!« (»Sie können den entscheidenden Unterschied machen!«)

Und das Tolle daran ist: Wenn Sie sich authentisch so zeigen wie Sie sind, werden Sie erfolgreicher sein als bisher. Das ist die Kernaussage dieses Buches.

Warum ist das so? Wir wollen Ihnen an dieser Stelle noch einmal die wichtigsten Fakten und Argumente ins Gedächtnis rufen:

Authentisch verkaufen. Hans Vialon und Göran Hajek
Copyright © 2008 WILEY-VCH Verlag GmbH & Co. KGaA, Weinheim
ISBN: 978-3-527-50355-1

Sehnsucht nach Authentizität

Unsere Welt befindet sich schon seit längerem in einer Vertrauens- und Glaubwürdigkeitskrise. In einer Zeit stürmischer technologischer, ökonomischer und sozialer Veränderungen, zunehmender Komplexität und Auflösung altbekannter Strukturen sind die Menschen verunsichert und schauen kritischer auf das, was ihnen die Akteure in ihrem Alltag »verkaufen« wollen. Die Spielregeln unseres Zusammenlebens werden neu bewertet und teilweise auch neu definiert. Das, was gestern noch galt, kann morgen schon hinfällig sein. Alte Werte verfallen und neue etablieren sich. Aufgrund vielfacher Enttäuschungen besteht ein verbreitetes Misstrauen gegenüber öffentlichen Verlautbarungen von Politikern, Managern oder sonstigen Akteuren, denen man ein ökonomisches oder machtpolitisches Interesse unterstellen kann. Dazu zählen auch Verkäufer jeglicher Art.

In diesem Klima allgemeiner Verunsicherung und auch Genervtheit durch Manipulationsversuche bringen Vertrauen erzeugende Verhaltensweisen einen Marktvorteil. Sie als Verkäufer müssen – in höherem Maße als früher – glaubwürdig sein. Und glaubwürdig werden Sie dadurch, dass Sie authentisch auftreten – dass Sie authentisch sind!

Wissenschaftliche Erkenntnisse

Den Zusammenhang zwischen Marktvorteil und Authentizität hat unter anderem eine wissenschaftliche Studie der European Business School Reutlingen gezeigt. In ihr wurden 328 Verkäufer aus verschiedenen Branchen mit einem umfangreichen Fragenkatalog befragt. Anhand verschiedener Kriterien wurden dann unter den Befragten Spitzenverkäufer mit relativ schwachen Verkäufern verglichen. Fazit: »Das »Geheimnis« des Spitzenverkäufers ist das Vertrauen, welches der Kunde ihm entgegenbringt. Durch Ehrlichkeit und die Fähigkeit, eine persönliche Ebene mit dem Kunden aufzubauen, erreicht er den entscheidenden Erfolgsvorteil gegenüber seinen Kollegen.«[1] Spitzenverkäufer stehen hinter ihren Produkten und haben Spaß an ihrem Beruf. Sie sind optimistisch und selbstbewusst.

Fragt man die Verkäufer ganz direkt nach ihrem wichtigsten Verkaufsgeheimnis, so nannten die Spitzenverkäufer: Ehrlichkeit, Herstellung eines Vertrauensverhältnisses zum Kunden, persönliche Beziehung zum Kunden und die Fähigkeit zum Zuhören.

Entsprechend nannten die Spitzenverkäufer auch als größte Fehler, die man im Verkauf machen kann: Unehrlichkeit, Nicht-Zuhören, Selbstüberschätzung und Arroganz, Nicht-Erkennen von Kundenwünschen und mangelndes Selbstvertrauen.

Wissenschaftliche Untersuchungen zu Merkmalen von glaubhaften Aussagen vor Gericht legen nahe, dass vielen Regeln der Verkaufsrhetorik zu misstrauen ist und dass diese mutmaßlich auch zu Misstrauen bei den Kunden führen. Je echter Sie sich so zeigen, wie Sie sind, je persönlicher Sie auftreten und je weniger Ihr Auftritt einem vorgefertigten Skript entspricht, desto glaubhafter ist das, was Sie sagen. Die zahlreichen Merkmale glaubhafter Aussagen, die wir Ihnen im dritten Kapitel vorgestellt haben, können wir hier nicht alle wiederholen. Das ist im Übrigen auch nicht nötig. Denn wenn Sie authentisch und vor allem ehrlich auftreten, dann werden sich diese Merkmale von ganz alleine und auf natürliche Weise in Ihr Verkaufsgespräch einfügen.

Die positive Wirkung von Ehrlichkeit und Authentizität im Verkauf erklärt sich auch aus der Existenz der Spiegelneurone. Bei uns Menschen werden allein durch Vorstellungen und Wahrnehmungen bestimmte Handlungsprogramme ausgelöst, die sich durch die Aktivität entsprechender neuronaler Netze nachweisen lassen. Diese Aktivitäten laufen auch dann ab, wenn wir bewusst davon gar nichts bemerken. Je besser und eindeutiger die Kunden die Signale des Verkäufers deuten können und je angenehmer die Gefühle sind, die damit verbunden sind, desto positiver ist die Beziehung zwischen Verkäufer und Kunden. Sendet der Verkäufer hingegen widersprüchliche Signale aus, weil er sich verstellt und unecht ist, oder erzeugen die Wahrnehmungen des Kunden unangenehme Gefühle, wird die Beziehung schlechter und der Kunde nimmt eher Reißaus.

Erfolgsverhinderungsprogramme

Authentizität ist also im Kundenkontakt unerlässlich. Aber wie entwickeln Sie Ihre Authentizität? Wie können Sie ein authentischer Spitzenverkäufer werden? Dazu ist es zunächst erforderlich, eine nüchterne Bestandsaufnahme zu machen, in welchen Bereichen Ihres Lebens und wo im Verkauf Sie nicht authentisch sind. Machen Sie einen Kassensturz. Immer wenn Sie nicht authentisch sind, verhindern Sie Ihren Erfolg. Nicht authentische Verhaltensweisen sind Erfolgsverhinderungsprogramme. Sie können das auch umkehren: Immer wenn Sie keinen Erfolg haben, können Sie davon ausgehen, dass Sie nicht authentisch sind. Sie versuchen dann etwas zu sein, was Sie (noch?) nicht sind. Vielleicht sind Sie ja im falschen Beruf oder verkaufen das falsche Produkt? Vielleicht war das, was Sie machen, einmal das Richtige für Sie, ist es aber nicht mehr? Diese Fragen sind von grundlegender Bedeutung. Vielleicht werden Ihnen die Antworten aber klarer, je authentischer Sie werden. Das ist ein zirkulärer Prozess.

Die am weitesten verbreiteten und wichtigsten Erfolgsverhinderungsprogramme sind Süchte und abhängiges Verhalten. Wir brauchen nur auf unsere Süchte zu schauen und bekommen einen ganz direkten Hinweis darauf, wo wir uns und anderen etwas vormachen. Eine selbstkritische Analyse an diesem Punkt ist unerlässlich für das Vorankommen auf dem Weg zum authentischen Verkäufer. Durch praktizierte Süchte oder suchtähnliche Verhaltensweisen »sagen« Sie im Grunde Folgendes: So wie ich bin, bin ich nicht richtig, nicht locker genug, nicht widerstandsfähig genug, nicht perfekt genug. Ich brauche dieses oder jenes Mittel, um diese Situation zu überstehen, bestimmte Gefühle unter Kontrolle zu behalten (das bedeutet meistens, sie nicht zu spüren) oder um mich wohlzufühlen. Ohne dieses Suchtmittel fühle ich mich nicht wohl; ich brauche diese Krücke.

Es gibt viele andere Erfolgsverhinderungsprogramme. Meist haben sie einen selbstdestruktiven Charakter. Viele Verkäufer gehen naheliegende und notwendige Schritte nicht oder nur in mangelhafter Qualität. Zum Beispiel drücken Sie sich um die Kundenakquise, schalten Werbung zu spät, falsch oder gar nicht, betreiben Ihr Geschäft im falschen Viertel, verpassen wichtige Termine, versetzen Kunden oder halten Absprachen nicht ein. Manche präsentieren sich auch so miserabel, dass man sie schon sehr mögen muss, um etwas zu kaufen.

Entwicklung Ihrer Authentizität

Wenn Sie sich jedoch selbstkritisch mit diesen und anderen Erfolgsverhinderungsprogrammen auseinandersetzen, führt Sie das unweigerlich zu sehr produktiven Fragen, die Sie weiterführen. Wenn Sie sich fragen, warum Sie sich immer wieder in dieser oder jener Weise verhalten, obwohl Sie wissen, dass Sie sich damit schaden, kommen Sie zu sehr interessanten Erkenntnissen und Einsichten. Das macht Sie ehrlich. Und es gibt Ihnen die Möglichkeit, sich zu ändern. Notwendig ist an dieser Stelle ein Einstellungswandel: Sie müssen wegkommen vom »So-Tun-als-ob«, vom Wunschdenken, und mehr Verantwortung für sich und Ihr Leben übernehmen. Sonst wird sich nichts ändern. Sie sind derjenige, der zu jedem Zeitpunkt entscheidet, was Sie tun. Niemand sonst.

Nehmen Sie auch den Selbstcheck Ihrer Berufsmotivation ernst. Niemandem nützt ein unglücklicher Verkäufer. Sie müssen das lieben, was Sie tun. Vergeuden Sie nicht Ihre Lebenszeit. Wichtig ist auch, was Sie verkaufen. Setzen Sie Ihre Talente für Dinge ein, die einen wirklichen Wert verkörpern und diese Welt zum Besseren verändern. Die Welt wartet nicht auf schlechte und überflüssige Produkte.

Maske und verborgene Gefühle

Ebenso wesentlich ist, dass Sie Ihre unterdrückten und tabuisierten Gefühle kennenlernen, sie zulassen und die Verantwortung dafür übernehmen. Meist sind es negative Gefühle wie Wut, Hass, Rache und Neid. Sie werden gewöhnlich hinter einer Maske von Wohlerzogenheit und Normalität, mitunter auch Altruismus und Großzügigkeit verborgen und unter Kontrolle gehalten. Dennoch sind sie untergründig wirksam, leider oft auf eine unbewusste und (selbst)destruktive Weise. In jedem von uns steckt ein »kleiner Zerstörer«, ein »Rumpelstilzchen«. Es geht darum, sie als Teil des eigenen Wesens anzunehmen und sozial kompatibel zu integrieren. Das hilft uns zum Beispiel dabei, in angemessener Weise Grenzen zu setzen, wenn unsere Interessen verletzt werden. Erst wenn wir die Furcht vor unseren unterdrückten Gefühlen verloren haben, können wir den Mut haben, die Maske fallen zu lassen.

Die Maske fallen zu lassen ist auch noch aus einem anderen Grunde sehr wichtig. Hinter ihr werden nämlich auch Ihre positiven, ganz individuellen Persönlichkeitszüge zurückgehalten. Das hält Sie auch von Ihrer Originalität fern. Auch die positiven Gefühle werden von der Maske unterdrückt. Begeisterung, spontane Lebensfreude, Liebesbeweise, Kreativität – die ganze positive Seite Ihres authentischen Wesens wird von ihr ausgebremst. Und damit auch Ihr wichtigstes Verkaufsgut: Ihre authentische Verkäuferpersönlichkeit.

In einigen wenigen Fällen kann es allerdings auch wichtig sein, die ungezügelte negative Seite unseres Wesens zu integrieren und zu kontrollieren. Meist sind in diesen Fällen die positiven Gefühle tabuisiert und müssen befreit werden.

Wie dem auch sei, das Sich-Öffnen für bisher unterdrückte oder tabuisierte Seiten Ihrer selbst, das Fallenlassen der Maske, ist – wie Sie vielleicht schon gemerkt haben – ein intensiver persönlicher Prozess. Er erfordert Zeit, Geduld und muss in der Regel in Schleifen immer wieder durchlaufen werden. Sie werden vielleicht erstaunliche Anfangserfolge erzielen, dann aber merken, dass Sie an bestimmten Stellen immer wieder auf alte Muster zurückgeworfen werden. Das ist normal. Werfen Sie an dieser Stelle nicht die Flinte ins Korn, sondern bleiben Sie dran – sowohl in Ihrem persönlichen Alltag als auch in Ihrer Verkaufstätigkeit.

Hilfsmittel und Rituale

Was Sie dabei brauchen, sind Hilfsmittel und Rituale, die Ihnen einerseits ermöglichen, bei der Stange zu bleiben. Sie sollen Ihnen aber auch ganz direkt helfen, in Ihrem individuellen Veränderungsprozess auf dem Weg zum authentischen Verkäufer leichter voranzukommen. Ein Hilfsmittel dieser Art kann das Führen eines Tagebuches sein, in dem Sie sich täglich unzensiert, also authentisch, Rechenschaft ablegen. Schreiben Sie auf, wie es Ihnen gefühlsmäßig geht und welche Gedanken in Ihrem Kopf herumschwirren. Welche Ziele setzen Sie sich für den laufenden Tag und wie sind Sie beim Erreichen Ihrer längerfristigen Ziele vorangekommen? Das hilft Ihnen auch, Prioritäten zu setzen und sich nicht zu verzetteln. Wir empfehlen Ihnen, sogenannte »Morgenseiten« zu schreiben. Ein solches Ritual ist zugleich eine Übung in Authentizität.

Es gibt viele andere Möglichkeiten, mit denen Sie Ihren Veränderungsprozess unterstützen können. Beispielsweise können Sie systematisch oder auch nach Gutdünken Ihre Gewohnheiten auf den Prüfstand stellen. Machen Sie bewusst Dinge einmal anders als sonst. Das gilt insbesondere auch für Ihre Verkaufsgewohnheiten. Verwenden Sie andere Nutzenargumentationen, sprechen Sie andere Kundentypen an, wählen Sie andere Gesprächseinstiege. Nehmen Sie einen anderen Weg nach Hause. Machen Sie in Ihrer Freizeit mal was anderes. Machen Sie neue Erfahrungen.

Eine weitere gute Möglichkeit der Selbstunterstützung ist, sich von altem Plunder zu trennen. Krempeln Sie Ihr Büro, Ihren Verkaufsraum, Ihr Auto, Ihr Zuhause, Ihr gesamtes Auftreten um. Trennen Sie sich rigoros von Dingen, die nicht mehr aktuell sind, Sie nur belasten und Ihnen Ihre Energie abziehen. Das kann sogar sehr befreiend sein, großen Spaß machen und Sie in Schwung bringen.

Affirmationen sind ein effizientes Mittel der vertieften Arbeit mit sich selbst, ebenso die Arbeit mit dem sogenannten »inneren Kind«. Beides sind gute Methoden, eingefrorenen Gefühlen und negativen gedanklichen Mustern zu Leibe zu rücken.

Affirmationen sind bejahende Aussagen. Dabei formulieren Sie Ihr Ziel so, als hätten Sie es schon erreicht. Zum Beispiel: »Ich bin ein authentischer Verkäufer.« Das ist wichtig, um Ihre mentalen Kräfte jetzt in diesem Moment zu mobilisieren und nicht unbewusst auf einen späteren Zeitpunkt zu verschieben. Würden Sie das nicht tun und beispielsweise sagen: »Ich werde ein authentischer Verkäufer sein«, dann ist das eine Aussage, die Sie beliebig lange aufrechterhalten können, ohne irgendetwas zu ändern. Das würde also nicht helfen.

Zugleich konfrontieren Sie Affirmationen mit sich selbst. Sie werden mit Widersprüchen konfrontiert, etwa wenn Sie sich nicht

authentisch verhalten. Sie sollten unbedingt mit diesen Widersprüchen arbeiten. Das hilft Ihnen, beim Thema zu bleiben. Typischerweise treten auch innere Kommentarstimmen auf, denen Sie nachgehen sollten. Im Kern laufen diese Kommentarstimmen meistens
auf Selbstablehnung hinaus. Wenn Sie sich dem stellen, können
sehr starke Gefühle (Trauer, Wut) freigesetzt werden, die heilsam
sein können.

Ähnliches wäre zu sagen über die Arbeit mit dem inneren Kind.
Wir haben das im sechsten Kapitel ausführlicher beschrieben. Ihr
inneres Kind kann Ihnen auch ein authentischer Ratgeber im Verkauf sein.

Es kann vielleicht wichtig und notwendig für Sie sein, sich für
eine bestimmte Zeit professionelle Hilfe zu suchen und sich coa-
chen zu lassen. Wir haben schon vielen Verkäufern durch wichtige
Erkenntnisse an ihren kritischen Punkten nachweislich zu sehr viel
mehr Erfolg verholfen. Möglicherweise können Sie nicht alles, was
in einem solchen tief greifenden Prozess zu mehr Authentizität
hochkommen kann, in eigener Regie aufarbeiten. Das müssen Sie
auch nicht, gönnen Sie sich ruhig Hilfe. Der einfachste Weg ist, sich
mit Gleichgesinnten zusammenzutun, mit denen Sie sich austauschen, gegenseitig unterstützen und motivieren können.

Ängste und Widerstände

In jedem Falle sollten Sie sich dessen bewusst sein, dass in einem
solchen Veränderungsprozess Ängste und Widerstände auftreten.
Das ist völlig normal. Zum einen lösen solche Veränderungsprozesse Angst vor dem Unbekannten aus. Zum anderen kommen
gerade beim Fallenlassen der Maske typischerweise die Ängste und
Konflikte zum Vorschein, aufgrund derer Sie sich diese Maske
ursprünglich einmal zugelegt haben. Aber Sie sind nun ein reifer,
erwachsener Mensch, der mit diesen Konflikten bewusster und
anders umgehen kann als ein Kind.

Das Fallenlassen Ihrer Maske und insbesondere Ihrer Verkaufs-
maske ist essenziell auf dem Weg zum authentischen Verkäufer.
Das versteht sich eigentlich von selbst. Seien Sie sich bewusst, dass
Ihre Maske an Ihren Ängsten festhält und paradoxerweise auch

immer wieder Kunden und Erlebnisse anzieht, die Ihre Ängste bestätigen. *Ihre Maske ist der Knackpunkt des Ganzen.* Wenn Sie es schaffen, sich in diesem Punkt zu ändern und sich Ihren Ängsten zu stellen, können Sie ein erfolgreicher authentischer Verkäufer werden, der die Kunden anzieht, die er haben will. Die Ängste sind im Übrigen nicht annähernd so schlimm, wie sie unsere kindliche Fantasie eingefroren und konserviert hat. Im Gegenteil, die meisten Menschen erleben es ganz entgegen ihrer Erwartung als Befreiung, wenn sie ihre Maske fallen lassen. War doch gar nicht so schlimm – denken sie dann.

Ihr authentischer Kern

Erst wenn wir die Maske ablegen und die ständige Kontrolle und Manipulation unserer Gefühle aufgeben, kommt unser positiver innerer Kern zur Geltung und kann erstrahlen. Das ist das Glück der Authentizität. Wir laufen nicht wie ein Schatten unserer selbst herum, sondern sind echt und leidenschaftlich, ohne versteckte Aggressionen, Intrigen, Rachegelüste etc. Wir haben nichts zu verbergen und brauchen nicht auf der Hut davor zu sein, der andere könnte etwas davon merken. Der Kunde empfindet uns dann als vertrauens- und glaubwürdig.

Diesen positiven, wahren Kern gibt es in jedem von uns. Er dürstet danach, sich entfalten und zeigen zu können. Er macht den eigentlichen Sinn unserer Existenz aus. Unserer Erfahrung nach haben die meisten Menschen eine Ahnung davon und eine große Sehnsucht, diesen ganz individuellen positiven Wesenskern von sich zeigen zu können. Werden Sie sich dieser Sehnsucht bewusst; sie kann eine wichtige Motivationsquelle auf dem Weg zum authentischen Verkäufer sein.

Wahrnehmung des Kunden

Sinn all dieser Klärungen und Veränderungen ist letztendlich, dass Sie dem Kunden authentisch gegenübertreten können. Authentisch gegenübertreten meint hier auch, dass Ihre Wahrnehmung des

Kunden nicht von irgendwelchen Erlebnissen verzerrt wird, die in der Vergangenheit liegen und mit dem konkreten Kunden nichts zu tun haben. Das Fallenlassen Ihrer Maske, das verantwortliche Umgehen mit Ihren negativen Gefühlen und das Erstrahlenlassen Ihres positiven Kerns tragen in hohem Maße dazu bei, dass Sie im Hier und Jetzt mit dem Kunden in Kontakt treten können. Sie können ihn relativ frei von Vorurteilen und Projektionen adäquat wahrnehmen und flexibler und offener mit ihm umgehen.

Es ist wichtig, dass Sie sich Ihrer Vorurteile gegenüber Kunden bewusst werden, denn auch diese sind Anteile Ihrer Maske. Die Kunden werden sofort spüren, wenn Sie offener und ehrlicher mit ihnen umgehen und dieses Verhalten ihrerseits durch mehr Vertrauen honorieren.

Zum offenen und ehrlichen Umgang mit dem Kunden zählt auch, dass Sie ihm aufmerksam zuhören, ihn Fragen stellen lassen, auf ihn eingehen und ihn nicht zutexten. Machen Sie eine sorgfältige Bedarfsanalyse. Auf diese Weise demonstrieren Sie, dass Sie Ihre Rolle als Verkäufer ernst nehmen. Wenn Sie das nicht tun, ergibt sich eine Diskrepanz zwischen Ihrer formellen Rolle und Ihrem tatsächlichen Verhalten, die Sie unglaubwürdig macht. Sie sollten dann vielleicht über Ihre Berufsmotivation nachdenken.

Dem Kunden zuzuhören bedeutet mehr als nur, ihn ausreden zu lassen und auf seine Fragen zu antworten. Es bedeutet, sich in den Kunden hineinzuversetzen und die Fragen hinter der Frage wahrzunehmen. Das erzeugt Vertrauen.

Umgekehrt gibt es vieles, was Sie in der Kommunikation mit dem Kunden falsch machen und wodurch Sie Misstrauen erzeugen können: Nicht-Zuhören, Zutexten, Entwertungen seiner Aussagen, Sprunghaftigkeit in Ihrer Gedankenführung und Ihrem Verhalten, Undurchsichtigkeit Ihres Verhaltens, zu wenig Kommunikation mit dem Kunden und vieles andere mehr.

Aber es ist wichtig, dass Sie dem Kunden nicht nur zuhören, sondern dass Sie ihm *aktiv* zuhören. Sie sollten das Verkaufsgespräch *führen*. Dabei macht es sich gut, die Prinzipien der nondirektiven Gesprächsführung zu beherrschen: Wertschätzung, Empathie und Echtheit. Auch das erzeugt Vertrauen beim Kunden. Es liegt auf der Hand, dass Ihnen das umso leichter fallen wird, je authentischer Sie sind. Spiegeln Sie dem Kunden, was Sie von seinem Anliegen verstanden haben, und Sie ersparen sich viele Missverständnisse und vergeudete Zeit. Sie kommen mit dem Kunden viel schneller in Kontakt und zur Sache. Der Kunde andererseits wird sich viel besser verstanden fühlen. Zugleich hilft Ihnen das Spiegeln bei Ihrer eigenen bewussten Positionierung. Sie können dann viel klarer und authentischer auf das Anliegen des Kunden reagieren.

Es gibt einige weitere wichtige Aspekte Ihres Verhaltens als Verkäufer, die dem Vertrauen des Kunden förderlich oder abträglich sind. Dazu zählt der Verkaufsstil. Unter dem Aspekt der Vertrauensbildung und Kundenbindung ist der demokratische Verkaufsstil der optimale. Und das Beste: Sie können dabei die höchsten Preise erzielen. Auch hier gilt wieder: Sie können diesen Stil umso besser ausüben, je authentischer Sie sind.

Berühren Sie Ihre Kunden emotional und zeigen Sie wirkliches Interesse an ihnen. Nehmen Sie eventuelles Unbehagen des Kunden wahr und sprechen Sie es an. Der Kunde kann Ihnen bewusst oder unbewusst wertvolle nonverbale Signale geben, die Sie nicht übersehen, sondern aufgreifen sollten. Versuchen Sie herauszufinden, was die Ursache dafür sein könnte. Das kann vieles klären und hilft Ihnen, besser auf seine Bedürfnisse einzugehen. Auch das ist authentisches Verhalten, denn Sie signalisieren damit Ihre auf die Bedürfnisse des Kunden gerichtete Aufmerksamkeit und kommunizieren authentisch, was Sie wahrgenommen haben, anstatt so zu tun, als wäre alles in Ordnung.

Gesprächsdynamik mit dem Kunden

Seien Sie sich stets bewusst, dass auch der Kunde eine Maske trägt, aber werden Sie dabei nicht zum Psychotherapeuten. Je authentischer Sie selbst sind, desto authentischer werden sich auch Ihre Kunden verhalten. Im Idealfall kann eine wahrhaft vertrauensvolle Beziehung zwischen Ihnen und Ihren Kunden entstehen, die für beide Seiten sehr beglückend sein kann. Sie können auch versuchen, die hinter der Maske verborgenen Ängste und Bedürfnisse des Kunden diskret anzusprechen, indem Sie ein entsprechendes Waren- oder Dienstleistungsangebot machen.

Zu Ihrem authentischen Verhalten als Verkäufer gehört nicht zuletzt auch, dass Sie Ihren Kunden Grenzen setzen, wo es angebracht ist. Dazu zählt auch, dass Sie die Kunden auf zeitliche oder finanzielle Rahmenbedingungen aufmerksam machen und diese dann auch umsetzen.

Vor jedem Verkaufsgespräch sollten Sie sich kurz vorbereiten. Fokussieren Sie darauf, was dabei herauskommen soll. Reflektieren Sie Ihre eigene Situation und Gefühlslage, aber konzentrieren Sie sich dann auf Ihre Qualitäten, Ihren authentischen Kern.

Im Verkaufsgespräch läuft ein paralleler Prozess ab, bei dem Sie einerseits sich selbst und andererseits den Kunden wahrnehmen und reflektieren. Wichtig dabei ist, dass Sie sich nicht vom Kunden manipulieren lassen, sondern authentisch das vertreten, was Sie wollen und zu bieten haben.

Am wichtigsten ist, dass Sie sich wohlfühlen und Sie sich nicht an Kunden verschleißen. Lassen Sie gegebenenfalls auch anstrengende Kunden weiterziehen, dann haben Sie Kraft, Lebendigkeit und Begeisterungsfähigkeit für Kunden, die wirklich kaufen wollen.

Seien Sie authentisch, dann kommt der Erfolg von allein!

9
Ausblick

Wie geht es nun weiter? Wenn Sie Interesse daran haben, weiter auf diesem Weg zu gehen, können wir Ihnen verschiedene Angebote machen.

Das einfachste ist wohl, Sie arbeiten weiter mit diesem Buch. Sie können es einfach noch einmal und gründlicher durcharbeiten.

Sie können es aber auch von Zeit zu Zeit zur Hand nehmen und sich einen Abschnitt herausgreifen, der zufällig Ihr Interesse findet. Dabei können Sie einmal diese und ein andermal jene Übung durchgehen. Dabei wird die Intensität Ihres Veränderungsprozesses vielleicht nicht sehr hoch sein. Aber es könnte sein, dass das genau die Geschwindigkeit ist, die für Sie persönlich praktikabel und angemessen ist.

Wenn Sie die Intensität etwas erhöhen wollen, können Sie sich auch mit Gleichgesinnten zusammentun. Das können Sie natürlich in eigener Regie regeln. Sie können sich aber auch gerne an uns wenden. Wir vermitteln Sie dann gerne weiter an Interessenten in Ihrer Umgebung. Aktuelle Informationen finden Sie auch auf unserer Website:

www.authentisch-verkaufen.de

Wir bieten Ihnen auch Einzel- oder Gruppencoachings sowie Seminare und Vorträge an.

Authentisch verkaufen. Hans Vialon und Göran Hajek
Copyright © 2008 WILEY-VCH Verlag GmbH & Co. KGaA, Weinheim
ISBN: 978-3-527-50355-1

Authentisch Verkaufen – von der schlichten Kopie zum brillanten Verkaufsoriginal

In unserem **viertägigen Seminar** »Authentisch Verkaufen« haben Sie die Möglichkeit zur vertieften Arbeit an folgenden Themen:

- Wo stehe ich mit meiner Authentizität im Verkauf?
  - Eine individuelle Bestandsaufnahme authentischer und nicht authentischer Verhaltensweisen
  - Wie weit bin ich weg von meiner brillanten Originalität?

- Meine individuellen Erfolgsverhinderungsprogramme
  - Welche behindern meinen Erfolg im Verkauf und welchem (unbewussten) Zweck dienen sie?
  - Wie kann ich selbstverantwortlich handeln, um diese in Erfolgsprogramme zu verwandeln?

- Meine Masken im Verkauf, die meine Glaubwürdigkeit in den Augen des Kunden einschränken
  - Wie verhalte ich mich?
  - Welche Kunden ziehe ich damit an?
  - Welches ablehnende Kundenverhalten provoziere ich damit?

- Meine unterdrückten oder tabuisierten Gefühle, die der Kunde registriert
  - Mein »kleiner Zerstörer« (Wut, Rache, Neid ...)
  - Wie kann ich die Verantwortung dafür übernehmen und sie sozial kompatibel »befreien«?

- Meine authentische Verkäuferpersönlichkeit
  - Welche individuellen Qualitäten habe ich, und wie kann ich sie im Verkauf erstrahlen lassen, um zum brillanten Original zu werden?
  - Tue ich eigentlich das, was ich will auch beim Kunden, oder passe ich mich unauthentisch an?
  - Wo will ich hin?
  - Was will ich authentisch verkaufen?
  - Welche Kunden will ich anziehen?
  - Entwicklung von Perspektiven

- Wie kann ich authentisch verkaufen?
  - Wie kann ich ein authentisches Verkaufsgespräch führen?
  - Wie kann ich mich authentisch präsentieren?
  - Wie kreiere ich den brillanten Erfolg?

Im Seminar haben Sie anhand einer Vielzahl von Übungen die Möglichkeit zur Selbsterfahrung, Selbsterprobung und zum Austausch mit den anderen Seminarteilnehmern.

In unserem **sechstägigen Seminar** besteht zusätzlich die Möglichkeit der vertieften Arbeit mit:

- inneren Überzeugungen/negativen gedanklichen Mustern,
- Affirmationen,
- der Verkäuferpersönlichkeit.

Aktuelle Informationen zu den Seminaren finden Sie ebenfalls auf unserer Website. Sie können sich aber auch unabhängig davon als Interessent für ein Seminar melden. Bei Bedarf bieten wir dann zusätzliche Termine an.

Unabhängig davon erscheint es uns wichtig, dass Sie für sich selbst weiter an den beschriebenen Themen arbeiten, wenn Sie den Effekt der Lektüre dieses Buches und der Arbeit damit erhöhen wollen.

Wir wünschen Ihnen dabei viel Erfolg und freuen uns auf viele authentische Verkäufer!

Anhang

Checkliste 1:
Selbstcheck Authentizität im Verkauf

Kreuzen Sie jeweils die Ihrer Meinung nach zutreffende Antwort an. Den Auswertungsschlüssel finden Sie am Ende des Anhangs.

Verhalten	Immer	Oft	Gelegentlich	Selten	Nie
1. Ich sage offen meine Meinung, auch wenn sie im Widerspruch zu der meines Kunden steht.					
2. Ich spiele eine Rolle als Verkäufer, die nicht echt ist.					
3. Ich nehme meine eigenen Gefühle wahr und nutze sie als Wegweiser für mein Handeln gegenüber meinen Kunden.					
4. Durch meine positive Kundenbeziehung kann ich höhere Preise erzielen als meine Mitbewerber.					
5. Ich sage meinen Kunden, wenn mir etwas nicht passt.					
6. Ich höre meinen Kunden aufmerksam zu und gehe auf sie ein.					
7. Ich widerspreche meinen Kunden, wenn ich anderer Meinung bin.					
8. Wenn ich spüre, dass ein Kunde nichts kaufen will, spreche ich das offen an.					

Verhalten	Immer	Oft	Gelegentlich	Selten	Nie
9. Wenn mir ein Kunde unsympathisch ist, versuche ich das zu verbergen.					
10. Ich übergehe Unhöflichkeiten und Zumutungen meiner Kunden, um mir das Geschäft nicht zu vermasseln.					
11. In meinem Berufsalltag fühle ich mich fehl am Platze.					
12. Meine Kunden vertrauen mir.					
13. Ich bin überzeugt von dem, was ich verkaufe.					
14. Ich habe Zweifel an der Richtigkeit meines Handelns im Verkaufsgespräch.					
15. Ich versuche es vor meinen Kunden zu verbergen, wenn ich nicht so gut in Form bin.					
16. Ich spreche meine Kunden direkt darauf an, wenn ich irgendeine atmosphärische Störung in unserem Gespräch bemerke.					
17. Meine Kunden mögen mich.					
18. Ich habe genau den Beruf, den ich mir erträume.					
19. Ich habe Minderwertigkeitsgefühle gegenüber Kunden.					
20. Ich stehe voll hinter den Produkten, die ich verkaufe.					
21. Wenn mir im Verkauf Fehler unterlaufen, gebe ich dies gegenüber meinen Kunden offen zu.					

Verhalten	Immer	Oft	Gelegentlich	Selten	Nie
22. Ich arbeite zwar im Verkauf, eigentlich würde ich aber gerne etwas anderes machen.					
23. Ich fühle mich in meiner Rolle als Verkäufer unsicher.					
24. Ich mag den menschlichen Kontakt mit meinen Kunden.					
25. Ich achte auf meine Gefühle und Bedürfnisse im Verkaufsgespräch und handle danach.					
26. Ich glaube, dass es Seiten an mir gibt, die ich im Kundenkontakt besser verstecke.					
27. Ich vertrete im Verkauf die Interessen meiner Firma, auch wenn sie meinen Ansichten zuwiderlaufen.					
28. Ich habe Freude am Verkaufen.					

Checkliste 2:
Meine Sucht- und Ausweichtendenzen als Verkäufer – Erfolgsverhinderungsmuster I

Welche der folgenden Dinge oder Verhaltensweisen nehmen in Ihrem Leben einen zu großen Raum ein und behindern Ihren Verkaufserfolg?

Verhaltensweise	Selten	Häufiger als mir lieb ist	Viel zu oft
Alkoholtrinken			
Rauchen			
Kaffeetrinken			
Sonstige Aufputschmittel			
Beruhigungsmittel/Medikamente			
Sex			
Internetsurfen			
Fernsehen			
Radiohören			
Telefonieren			
Glücksspiele			
Andere Spiele			
Partnerkonflikte/verbale Streitereien			

Verhaltensweise	Selten	Häufiger als mir lieb ist	Viel zu oft
Andere Konflikte			
Schulden			
Sich Sorgen machen			
Illegale Drogen (welche?)			
Arbeit (Überstunden)			
Reisen/Fahrtzeiten			
Gesundheitsprobleme			
Dinge suchen			
Anerkennung suchen			
...			

Checkliste 3:
Meine Bedürfnisse

Nach dem amerikanischen Psychologen Maslow gibt es eine sogenannte Bedürfnispyramide, die in allgemeiner Form für alle Menschen Gültigkeit hat. Aber welche konkreten Bedürfnisse als Verkäufer haben Sie persönlich? Versuchen Sie, den jeweiligen Kategorien
der Bedürfnispyramide Ihre ganz persönlichen Bedürfnisse zuzu-
ordnen. Also zum Beispiel: Welche konkreten Talente im Verkauf
haben Sie und möchten Sie gerne entfalten? Welche Form von Prestige ist Ihnen wichtig? Usw. Ergänzen Sie die Tabelle mit Kategorien,
falls Ihnen das erforderlich erscheint. Nehmen Sie sich genügend
Raum auf extra Papier.

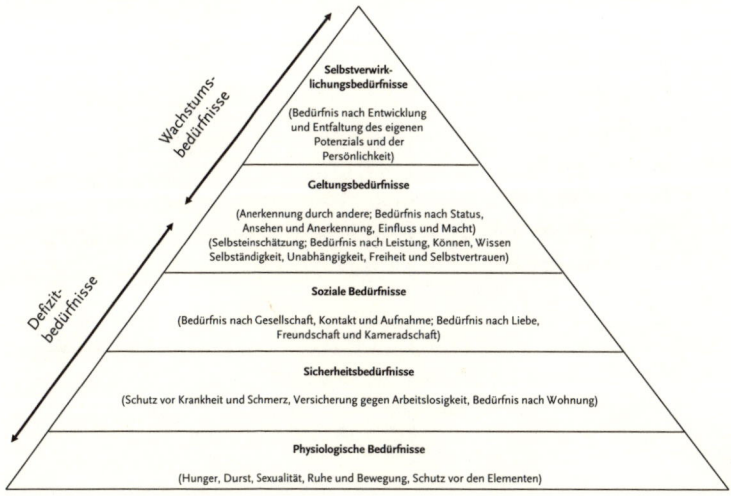

Abb. A.1:   Bedürfnispyramide **von Maslow**

Bedürfniskategorie	Meine konkreten Bedürfnisse	Rangfolge meiner Bedürfnisse
• Selbstverwirklichung • Verkaufstalente entfalten • Sinnvolle Arbeit • Ethik/Glaube • Ideale verwirklichen • Altruismus • Kunst, Philosophie • ...		
• Soziale Anerkennung • Prestige • Karriere • Status • Macht • Geld • Auszeichnungen • ...		
• Soziale Beziehungen/Austausch • Kontakte (mit wem, in welcher Form) • Liebe (zu wem) • Freundschaft (mit) • Kommunikation (mit) • Verantwortung (für) • ...		

Bedürfniskategorie	Meine konkreten Bedürfnisse	Rangfolge meiner Bedürfnisse

• Sicherheit/Unverletzlichkeit
  • Wohnung (wo, wie groß ...)
  • Arbeitsplatz/
    gesichertes Einkommen
  • Gesetzlichkeit
  • Ordnung
  • Rituale/Religion
  • Lebensplanung
  • Versicherungen
  • ...		

• Physiologische Grundbedürfnisse
  • Trinken
  • Essen
  • Schlafen/Ruhe
  • Atmung
  • Wärme
  • Sexualität
  • ...		

Checkliste 4:
Meine Ängste und Widerstände vor Veränderung als Verkäufer- Erfolgsverhinderungsmuster II

Welche der folgenden Verhaltensweisen haben Sie bei sich beobachtet, wenn es darum geht, sich zu verändern, um Ihren Verkaufserfolg zu steigern?

Zu dieser Checkliste brauchen Sie selbstredend keinen Auswertungsschlüssel. Sie dient Ihrer Selbstkonfrontation und als Gedächtnisstütze.

Verhaltensweise	Das kam noch nie vor	Das kenne ich irgendwie	Volltreffer
Ich schiebe wichtige Kundengespräche, insbesondere Neukundengespräche, hinaus.			
Ich vergesse, was ich tun wollte.			
Ich suche nach Gründen, die dagegen sprechen, mit bestimmten Kunden in Kontakt zu treten.			
Ich kann meine Verkaufsunterlagen nicht finden.			
Ich habe zu wenig Zeit für Kundengespräche.			
Ich probiere Neues aus, und wenn es nicht gleich klappt, lasse ich es sein.			

Verhaltensweise	Das kam noch nie vor	Das kenne ich irgendwie	Volltreffer
Ich habe Angst vor dem, was in mir hochkommen könnte.			
Gerade wenn ich im Kundenkontakt bin, passieren irgendwelche Störungen (ein anderer Kunde beschwert sich, andere Kunden warten und setzen mich unter Stress, ich muss anderen Kollegen helfen …).			
Ich denke, »den Kunden hole ich sowieso nicht«.			
Ich denke, »ich will nicht so ein abgeleckter, super Verkäufer werden«.			
Ich denke, »bisher ging es doch auch so«.			
Ich empfehle die Veränderungen allen Kollegen, komme aber selbst nicht zu Potte.			
Ich fange mit den Veränderungen an, und wenn es gut läuft, breche ich ab.			
Ich denke, das wäre ja zu einfach, um wahr zu sein, und mache es nicht.			
Ich verstärke meine Süchte.			
Ich mache richtig blöde Fehler im Kundenkontakt.			
Ich verpasse Termine.			
Ich präsentiere mich schlecht.			
Ich verzettle mich.			
Ich habe Angst herauszufinden, dass ich gar nicht verkaufen will.			

Verhaltensweise	Das kam noch nie vor	Das kenne ich irgendwie	Volltreffer
Ich habe Angst, dass sich zu viel in meinem Leben ändert.			
Ich habe Angst, ein seltsamer Mensch zu werden.			
... (ergänzen Sie)			

Checkliste 5:
Was mir als Verkäufer Vertrauen, Mut und Kraft gibt

Ergänzen Sie bitte die folgende Tabelle. Versuchen Sie, möglichst konkrete Angaben zu machen.

Dinge/Aktivitäten	die mir guttun	die mir nicht guttun
Aufgaben in meiner Funktion als Verkäufer (welche konkret?)	(z. B.: Kunden ein Produkt erläutern/vorführen)	
Allgemeine Beschäftigungen (Gartenarbeit, ein Spaziergang durch den Wald, Schwimmengehen, im Fotoalbum blättern ...)		
Gerüche (Apfelsinenschalen in der Weihnachtszeit, ein bestimmtes Parfüm, ein bestimmtes Reinigungsmittel)		
Speisen		
Getränke		
Sonstige körperliche Aktivitäten (ein Bad nehmen, auf dem Fußboden liegen, aufs Klo gehen, in der Nase popeln ...)		

Dinge/Aktivitäten	die mir guttun	die mir nicht guttun
Der Anblick (einer brennenden Kerze, von Herbstlaub, meiner Wohnung, meines Büros …)		
Das Gefühl **von** (Erschöpfung nach körperlicher Arbeit, Geborgenheit in den Armen meiner Partnerin/meines Partners …)		
Alltagsaktivitäten (Aufräumen, Kinder abholen, alleine Auto fahren …)		
Berufliche Anforderungen (Kundenakquise, Buchhaltung, Verkaufsverhandlungen …)		
Kommunikation in Form von (lockerem Gedankenaustausch, Streit, Blickkontakt, Hautkontakt, Telefonieren …)		
Soziale Anforderungen (Repräsentieren, Verantwortung für andere übernehmen, für andere da sein, Liebe geben …)		
Soziale Anerkennung in Form von (öffentliche Bekanntheit, Dank eines Kunden, Geld …)		
Was noch?		

Checkliste 6:
Meine Ängste vor Kunden im Verkauf

Welche der folgenden Verhaltensweisen von Kunden fürchten Sie? Kreuzen Sie die zutreffenden Verhaltensweisen an.

Der Kunde

- [ ] kauft nichts.
- [ ] meckert über den Preis.
- [ ] stellt meine Verkaufskompetenzen infrage.
- [ ] ist desinteressiert.
- [ ] ist unwissend. (Ich muss so viel erklären.)
- [ ] erzählt Unsinn.
- [ ] erzählt zu viel und stiehlt mir damit die Zeit.
- [ ] ist unentschlossen.
- [ ] ist widersprüchlich.
- [ ] sagt nichts/zeigt ein Pokerface.
- [ ] täuscht mich.
- [ ] will nur das Billigste kaufen.
- [ ] ist aggressiv/feindselig.
- [ ] bettelt.
- [ ] ist distanziert.
- [ ] ist übergriffig/undistanziert/vereinnahmend.
- [ ] ist äußerst anspruchsvoll.
- [ ] hat Sonderwünsche, die ich sowieso nicht erfüllen kann.
- [ ] ist superkritisch/nörgelt rum.
- [ ] ist intelligenter als ich (oder tut so).
- [ ] ist arrogant.
- [ ] ist dumm.
- [ ] will alles unter Kontrolle haben.

- ☐ will alles ganz genau wissen.
- ☐ stellt einen Haufen Fragen, ohne zu sagen, was er eigentlich will.
- ☐ macht einen ärmlichen Eindruck.
- ☐ macht einen reichen Eindruck.
- ☐ wirkt psychisch gestört.
- ☐ …

Weitere Ängste, die ich gegenüber Kunden habe, sind:

- ☐ Mein Produkt ist nicht gut genug.
- ☐ Ich bin nicht gut genug.
- ☐ Meine Firma hat kein gutes Image.
- ☐ Ich muss unbedingt etwas verkaufen, sonst bekomme ich Ärger von meinem Chef.
- ☐ Ich kann den Kunden nicht begeistern.
- ☐ …

Checkliste 7:
Meine bevorzugten Masken im Verkauf

Die folgende Liste ist nur eine Auswahl von vielen möglichen Masken im Verkauf. Im Prinzip kann jede gezeigte Eigenschaft zur Maske werden. Welche der Verkaufsmasken treffen auf Sie zu? Kreuzen Sie sie an und ergänzen Sie die Liste.

Meine Verkaufsmasken

☐ Normalität	☐ Hilflosigkeit
☐ Freundlichkeit	☐ Übervorteilung
☐ Perfektionismus	☐ Widersprüchlichkeit
☐ Zerstreutheit	☐ Vergesslichkeit
☐ Macht/Status	☐ Genialität
☐ Unaufmerksamkeit	☐ Reichtum
☐ Egozentrik	☐ Armut/Bedürftigkeit
☐ Paranoia	☐ Hektik
☐ Depressivität	☐ Überredung
☐ Ahnungslosigkeit/Naivität	☐ Beratung
☐ Pokerface	☐ Täuschung
☐ Kontrolliertheit	☐ Überrumpelung
☐ Besorgtheit	☐ Betrug
☐ Lockerheit	☐ Dummheit

- ☐ Leichtigkeit/Überflieger
- ☐ Getriebenheit
- ☐ Manipulation
- ☐ Schlauheit
- ☐ Sorglosigkeit
- ☐ Pessimismus
- ☐ Aggressivität
- ☐ Süchte/abhängiges Verhalten
- ☐ ...

- ☐ Bevormundung
- ☐ Hilfsbereitschaft
- ☐ Rechthaberei
- ☐ Selbstlosigkeit
- ☐ Optimismus
- ☐ Bettelei
- ☐ Feindseligkeit
- ☐ Verschlossenheit
- ☐ ...

Checkliste 8:
Authentizitäts-Protokoll

Datum	Verkaufs-gespräch mit/betreffs	Negative/ inadäquate Gefühle	Gedanken	Gegen-maßnahme

Checkliste 9:
Vertrauenskiller

Mit folgenden Verhaltensweisen untergraben Sie das Vertrauen Ihrer Kunden in der Kommunikation:

- [ ] Nicht-Zuhören
- [ ] Nicht-Eingehen auf Kundenwünsche
- [ ] Zutexten
- [ ] Ablehnung von Beratung
- [ ] Rechthaberei
- [ ] Oberflächlichkeit
- [ ] Feilschen
- [ ] Entwertungen
- [ ] Abwertung anderer Kunden
- [ ] Abwertung der Konkurrenten
- [ ] Aggressivität oder feindselige Äußerungen
- [ ] Unfreundlichkeit
- [ ] Sprunghaftigkeit in Gedankenführung und Verhalten
- [ ] Unzuverlässigkeit
- [ ] Umständlichkeit/Trotteligkeit
- [ ] Undurchsichtigkeit Ihres Verhaltens
- [ ] zu wenig Kommunikation/Feedback dem Kunden gegenüber
- [ ] Unehrlichkeit
- [ ] Lügen
- [ ] Floskeln
- [ ] Vertuschungsversuche von Fehlern
- [ ] Verkaufsrhetorik
- [ ] Manipulationen
- [ ] politische Exkurse/missionarisches Auftreten
- [ ] bizarre persönliche Ansichten
- [ ] unpassendes Ambiente

- [ ] unpassende Kleidung/Körperhygiene
- [ ] unpassender Auftritt (Werbung)
- [ ] ...

Zu den Entwertungen gehören:

- [ ] Übergehen von Fragen
- [ ] den Kunden unterbrechen/nicht ausreden lassen
- [ ] Abqualifizieren oder lächerlich machen von Fragen / Meinungen
- [ ] abfällig lächeln
- [ ] das Thema wechseln
- [ ] (im Gespräch) sich vom Kunden ohne Erklärung abwenden
- [ ] (am Telefon) den Kunden kommentarlos in die Warteschleife schicken
- [ ] den Kunden minutenlang in der Warteschleife hängen lassen
- [ ] den Kunden nicht richtig weitervermitteln
- [ ] den Gesprächspartner wechseln
- [ ] Sätze wie »Das ist nicht so wichtig.«, »Das wollen alle.«
- [ ] laute abwertende Kommentare
- [ ] ...

Checkliste 10:
Kundenwünsche

Verwenden Sie diese Checkliste, um zu überprüfen, ob Sie die Wünsche Ihrer Kunden erkannt haben.

Was Kunden wollen:

1. Produktbezogen
- [ ] Service!
- [ ] mit ihren Bedürfnissen wahrgenommen werden
- [ ] ein ganz bestimmtes Produkt kaufen
- [ ] ein Produkt einer bestimmten Produktklasse kaufen
- [ ] irgendein Produkt kaufen/Geld ausgeben
- [ ] ein zuverlässiges/qualitativ hochwertiges Produkt kaufen
- [ ] das Neueste vom Neuen haben
- [ ] etwas Originelles kaufen (was niemand sonst hat)
- [ ] *nicht* kaufen
- [ ] das Billigste kaufen
- [ ] ...

2. Bei der Entscheidungsfindung
- [ ] beraten werden
- [ ] nur mal gucken
- [ ] angeleitet werden
- [ ] ermuntert werden
- [ ] beruhigt werden
- [ ] Kontrolle ausüben
- [ ] ein Produkt ausprobieren
- [ ] Informationen sammeln
- [ ] in Ruhe gelassen werden

- [ ] Zeit für die Entscheidungsfindung bekommen
- [ ] Entscheidungsspielräume
- [ ] keine Entscheidungsspielräume
- [ ] das »Rundumsorglospaket«
- [ ] ihr eigenes Selbstwertgefühl aufbessern
- [ ] ...

3. Auf sich selbst bezogen

- [ ] ein Bedürfnis befriedigen
- [ ] einer Notwendigkeit Genüge tun
- [ ] Luft/Ärger loswerden
- [ ] Ihnen die Meinung sagen
- [ ] umsorgt werden
- [ ] ein Schwätzchen halten/soziale Kontakte haben
- [ ] als clever gelten
- [ ] ...

Checkliste 11:
Konformistische, destruktive, autoritäre, laissez-faire und demokratische Verhaltensweisen

Sie können diese Checkliste sowohl zur Überprüfung Ihrer eigenen Verhaltensweisen als Verkäufer als auch zur Einordnung des Verhaltens Ihrer Kunden verwenden.

Konformistische Verhaltensweisen:

☐ zu allem Ja sagen und nicht widersprechen
☐ keine eigene Meinung äußern
☐ sich als normal, wie alle andern, definieren
☐ immer die neueste Mode mitmachen
☐ das machen, was alle anderen tun, egal ob man es gut findet
☐ in Diskussionen sich der Mehrheit anschließen
☐ bei Wahlen die Partei wählen, die voraussichtlich gewinnen wird
☐ ...

Destruktive Verhaltensweisen:

☐ sich verweigern
☐ nicht zuhören
☐ Rechthaberei
☐ Rigidität/mangelnde Flexibilität
☐ Unzuverlässigkeit
☐ Feindseligkeit und Aggressivität
☐ Rachefantasien
☐ Zerstören oder Beschädigen
☐ Selbstschädigung
☐ Süchte

- [ ] andere Selbstverhinderungsmuster
- [ ] Lust am Leid anderer (Unfälle, Missgeschicke, Tragödien ...)
- [ ] (zu häufiges) Fantasieren über das, was schiefgehen kann/darin schwelgen
- [ ] Gerüchte streuen oder weitergeben
- [ ] über andere lästern
- [ ] Mobbing
- [ ] Schikanieren
- [ ] Nörgeln
- [ ] Schuldzuweisungen
- [ ] schlechte Laune verbreiten
- [ ] passiv-aggressive Wunschäußerungen
- [ ] ...

Autoritäre Verhaltensweisen:

- [ ] anderen sagen, wie sie sich zu verhalten haben
- [ ] sich (lustvoll) einer höheren Autorität unterwerfen
- [ ] sich durch mehrdeutige Situationen/Pluralität bedroht fühlen
- [ ] eine individuelle Meinung suspekt finden
- [ ] starkes Bedürfnis nach klaren Vorgaben/Anleitung
- [ ] starkes Bedürfnis nach *law and order* bzw. Bestrafung
- [ ] starkes Bedürfnis nach Sicherheit/Schutz
- [ ] ausgeprägte Rigidität (Starrheit)
- [ ] Feindseligkeit und Aggressivität
- [ ] Rachefantasien
- [ ] Abwehr von Feinsinnigkeit/Intellektualität
- [ ] Abwehr von Gefühlen, besonders von aufwühlenden oder lustvollen
- [ ] ...

Laissez-faire Verhaltensweisen:

- [ ] den anderen machen lassen, was er will
- [ ] keine Grenzen setzen
- [ ] keine Spielregeln oder Rahmenbedingungen festlegen

- [ ] machen, was man will, ohne sich an Spielregeln zu halten
- [ ] Unverbindlichkeit
- [ ] chaotisches Verhalten
- [ ] Passivität
- [ ] Abwesenheit (geistig, emotional oder physisch)
- [ ] fehlende Lenkung und Orientierung (Anleitung/Hinweise)
- [ ] Zurückhalten von Informationen/mangelnde Beratung
- [ ] Serviceverweigerung
- [ ] ...

Demokratische Verhaltensweisen:

- [ ] sich abstimmen
- [ ] beraten
- [ ] Angebote machen
- [ ] Service anbieten
- [ ] präsent sein (geistig, emotional und physisch)
- [ ] Anleitung und Information geben
- [ ] Rahmenbedingungen (Zeit, Kosten, Rechte usw.) transparent machen
- [ ] Bedürfnisse ernst nehmen und einbeziehen
- [ ] eigene Standpunkte deutlich machen
- [ ] die Meinung des anderen respektieren
- [ ] die Meinung/den Standpunkt des anderen berücksichtigen
- [ ] einen Dialog führen
- [ ] dem anderen Entscheidungsspielräume lassen
- [ ] ...

Checkliste 12:
Signale, die meine Kunden in der Kommunikation aussenden

1. Signale von Kunden, die Unzufriedenheit/Desinteresse/ Ablehnung ausdrücken können:

Der Kunde

- [ ] kommt auf mich zu.
- [ ] irrt suchend durch den Laden.
- [ ] steht mit Sorgenfalten vor einem Produkt.
- [ ] schaut verächtlich/angewidert.
- [ ] ist anscheinend desinteressiert/hört mir nicht zu.
- [ ] schaut zur Seite oder weicht meinem Blick aus.
- [ ] tritt nervös von einem Bein auf das andere.
- [ ] schaut an die Decke/verdreht die Augen.
- [ ] dreht sich mit der Körperachse von mir weg.
- [ ] verschränkt die Arme vor der Brust.
- [ ] haut auf den Tisch.
- [ ] ist ärgerlich.
- [ ] unterbricht mich.
- [ ] stellt immer wieder ähnliche Fragen.
- [ ] schaut auf seine Uhr.
- [ ] sagt Dinge wie »also, ich weiß nicht«.
- [ ] kritisiert mich, dass ich ihm nicht zugehört habe, unaufmerksam bin usw.
- [ ] kritisiert mich, dass ich nicht auf seine Bedürfnisse/Wünsche eingehe.
- [ ] kritisiert mich, dass ich unfreundlich bin, unfair, unflexibel usw.
- [ ] lacht mich aus.
- [ ] beschimpft mich und meine Branche.
- [ ] schaut sich misstrauisch um.
- [ ] kommt mir sehr nahe.
- [ ] geht auf Distanz.

- ☐ hebt oder senkt die Stimme.
- ☐ redet laut oder leise.
- ☐ wirkt hektisch und unter Zeitdruck stehend.
- ☐ telefoniert.

2. Signale von Kunden, die Zufriedenheit/Interesse/ Zustimmung ausdrücken können

Der Kunde

- ☐ kommt auf mich zu.
- ☐ steht grübelnd vor einem Produkt.
- ☐ freut sich, strahlt mich an.
- ☐ lobt mich.
- ☐ schmeichelt mir.
- ☐ nickt mit dem Kopf.
- ☐ klatscht in die Hände.
- ☐ legt seinen Mantel etc. ab.
- ☐ entspannt sich/wird ruhiger (Stimme, Bewegungen).
- ☐ wirkt erleichtert.
- ☐ nimmt eine ähnliche Körperhaltung ein wie ich selbst.
- ☐ senkt die Stimme.
- ☐ schaut mich vermehrt an und nickt.
- ☐ stimmt mir zu.
- ☐ fragt nach weiteren Details.
- ☐ fragt nach den Kosten.
- ☐ fragt nach möglichen Folgekosten.

Checkliste 13:
Überzeugungen authentischer Verkäufer

Welche der folgenden Überzeugungen authentischer Verkäufer haben Sie verinnerlicht?

☐ Ich bekomme den Kunden.
☐ Es bereitet mir Freude zu verkaufen.
☐ Ich bin von mir überzeugt.
☐ Ich bin von meinem Produkt überzeugt.
☐ Ich bin von meiner Firma überzeugt.
☐ Wenn der Kunde nicht kauft, macht mir das nicht viel aus, dann bekomme ich eben den nächsten.
☐ Ich suche mir die Kunden, die zu mir passen.

Checkliste 14:
Erfolgsmerkmale authentischer Verkäufer

Welche der folgenden Erfolgsmerkmale authentischer Verkäufer
sind bei Ihnen ausgeprägt?

- [ ] Freundschaftlicher Bezug zum Kunden.
- [ ] Lang anhaltende Kundenbeziehungen.
- [ ] Kann mit seiner Beziehung zum Kunden höhere Preise durchsetzen trotz günstigerer Preise anderer Wettbewerber.
- [ ] Man sieht ihm die Freude am Verkaufen an.
- [ ] Er ist originell und hat seinen unverwechselbaren Stil.
- [ ] Polarisiert, indem er mit seiner Art von vielen geliebt wird und von wenigen gehasst wird.
- [ ] Hat ein menschenfreundliches Wesen.
- [ ] Löst Vertrauen und Glaubwürdigkeit aus.
- [ ] Ist in der Lage, immer wieder Menschen zu öffnen.
- [ ] Ist in der Lage, Kunden sehr lange zu binden - ein guter Kunde kauft zweimal.

Auswertungsschlüssel zu Checkliste 1:
Selbstcheck Authentizität im Verkauf

Item	Immer	Oft	Gelegentlich	Selten	Nie
1.	5	4	3	2	1
2.	1	2	3	4	5
3.	5	4	3	2	1
4.	5	4	3	2	1
5.	5	4	3	2	1
6.	5	4	3	2	1
7.	5	4	3	2	1
8.	5	4	3	2	1
9.	1	2	3	4	5
10.	1	2	3	4	5
11.	1	2	3	4	5
12.	5	4	3	2	1
13.	5	4	3	2	1
14.	1	2	3	4	5
15.	1	2	3	4	5
16.	5	4	3	2	1
17.	5	4	3	2	1
18.	5	4	3	2	1
19.	1	2	3	4	5
20.	5	4	3	2	1

Item	Immer	Oft	Gelegentlich	Selten	Nie
21.	5	4	3	2	1
22.	1	2	3	4	5
23.	1	2	3	4	5
24.	5	4	3	2	1
25.	5	4	3	2	1
26.	1	2	3	4	5
27.	1	2	3	4	5
28.	5	4	3	2	1

Zur Auswertung nehmen Sie die jeweilige Punktzahl, die in dem Feld steht, das Sie angekreuzt haben, und summieren die Punkte für alle Fragen. Ein Beispiel: Sie haben beim Merkmal 1 »oft« angekreuzt, dann ergibt das 4 Punkte.

Dieser kleine Selbstcheck sollte nicht überinterpretiert werden. Er dient in erster Linie Ihrer eigenen Orientierung. Sie können sich damit besser einordnen, wo Sie ungefähr mit Ihrer Authentizität im Verkauf zu einem bestimmten Zeitpunkt stehen. Wenn Sie den Selbstcheck dann einige Zeit später – zum Beispiel nachdem Sie dieses Buch durchgearbeitet haben – wiederholen, können Sie Ihre eigene Veränderung überprüfen.

Insgesamt können Sie maximal 140 Punkte erzielen. Diese Punktzahl wird aber so gut wie niemand erreichen.

Wenn Sie mehr als 125 Punkte haben, dann sind Sie wahrscheinlich schon ein sehr authentischer Verkäufer. Trotzdem kann es sich für Sie lohnen, einzelne Aspekte Ihres Verkaufsverhaltens zu überprüfen und zu optimieren.

Wenn Sie zwischen 85 und 125 Punkten erzielt haben, dann sind Sie zwar ein Verkäufer, bei dem die authentischen Verhaltensweisen überwiegen. Es gibt aber noch ein deutliches Verbesserungspotenzial. Sie können von der Arbeit mit diesem Buch sicherlich profitieren.

Wenn Sie weniger als 85 Punkte erzielt haben, dann sind Sie wahrscheinlich ein ausgesprochen unauthentischer Verkäufer. Trotzdem ist die Tatsache, dass Sie dieses Buch zur Hand genommen haben und damit arbeiten, wohl Ausdruck Ihres Interesses für das Thema und zeigt Ihre zumindest ansatzweise vorhandene Veränderungsmotivation. Machen Sie unbedingt weiter! Sie haben viel zu gewinnen!

Anmerkungen

Kapitel 2

1 Fromm, E.: »Den Unterschied zwischen dem Authentischen und dem
Fassadenhaften sehen«. In: Ders.,
Authentisch leben, Freiburg im Breis-
gau 2004, S. 141–155, S. 151
2 Wickert, U.: *Der Ehrliche ist der
Dumme. Über den Verlust der Werte.*
Hamburg 1994
3 *Die Zeit*, 13.3.2008, S. 1
4 Schweinsberg, K.: »Sind Top-
Manager asozial?«. In: *Capital*, 06/
2008, S. 3
5 *Süddeutsche Zeitung*, 24.1.2008, S. 25
6 Fromm, E.: *Die Furcht vor der Freiheit.*
Stuttgart 1980
7 Fromm, E.: »Den Unterschied zwischen dem Authentischen und dem
Fassadenhaften sehen«. In: Ders.,
Authentisch leben, Freiburg im Breis-
gau 2004, S. 141–155
8 Ebd., S. 151
9 *Süddeutsche Zeitung*, 5./6. Mai 2007,
S. VIII
10 Selye, H.: A Syndrome Produced by
Diverse Nocuous Agents. In: *Nature*,
Vol. 138, July 4, 1936, p. 32

Kapitel 3

1 Schmäh, M.: *Identifikation von Spitzenverkäufern.* European Business
School Reutlingen 2006

2 Steller, M. & Köhnken, G.: »Criteria-
beased statement analysis. Credibility
assessment of childrens statements
in sexual abuse cases«. In: Raskin,
D.C. (ed.), *Psychological methods of
investigation and evidence.* New York
1989, S. 217–245
3 Zit. Nach Volbert, R.: »Standards der
psychologischen Glaubhaftigkeits-
diagnostik«. In: Kröber, H.-L. &
Steller, M. (Hrsg.), *Psychologische
Begutachtung im Strafverfahren. 2.
Aufl..* Darmstadt 2005, S. 171–203,
S. 174
4 Bauer, J.: *Warum ich fühle, was du
fühlst. Intuitive Kommunikation und
das Geheimnis der Spiegelneurone.*
München 2006, S. 23
5 Ebd., S. 25

Kapitel 4

1 *Der Spiegel* 38 / 2007, S. 182
2 Kingston, K.: *Feng Shui gegen das
Gerümpel des Alltags.* Reinbek bei
Hamburg 2003

Authentisch verkaufen. Hans Vialon und Göran Hajek
Copyright © 2008 WILEY-VCH Verlag GmbH & Co. KGaA, Weinheim
ISBN: 978-3-527-50355-1

Kapitel 5

1 Merton, R. K.: The self-fulfilling pro-
   phecy. *The Antioch Review, 8 (1948)*,
   S. 193–210
2 *Freud, S.:* Vorlesungen zur Einfüh-
   rung in die Psychoanalyse, erster
   Teil: Die Fehlleistungen. In: S. Freud,
   Studienausgabe, Band 1, S. 39–98.
   Frankfurt am Main: 2000

Kapitel 6

1 Cameron, J.: *Der Weg des Künstlers.*
   München 2000
2 Tepperwein, K.: *Die geistigen Gesetze.*
   Erkennen, verstehen, integrieren.
   München 2002, S. 86
3 Hay, L.: *Gesundheit für Körper und*
   Seele. Wie Sie durch mentales Training
   Ihre Gesundheit erhalten und Krankhei-
   ten heilen. München 2000
4 Tepperwein, K.: *Die geistigen Gesetze.*
   Erkennen, verstehen, integrieren.
   München 2002, S. 88

Kapitel 7

1 Schulz von Thun, F.: *Miteinander*
   reden, Teil 1. Reinbek bei Hamburg
   2007
2 Rogers, C.: *Die nicht-direktive*
   Beratung. Frankfurt 2007

Kapitel 8

1 Schmäh, M.: *Identifikation von*
   Spitzenverkäufern. European Business
   School Reutlingen 2006

Stichwortverzeichnis

Authentisch verkaufen. Hans Vialon und Göran Hajek
Copyright © 2008 WILEY-VCH Verlag GmbH & Co. KGaA, Weinheim
ISBN: 978-3-527-50355-1